Verallgemeinerte vollkommene Folgenräume

SCHRIFTENREIHE
DER INSTITUTE FÜR MATHEMATIK

BEI DER DEUTSCHEN AKADEMIE DER WISSENSCHAFTEN ZU BERLIN

In der Schriftenreihe sind bisher erschienen:

Heft 1: Der Begriff des Raumes in der Geometrie — Bericht von der Riemann-Tagung des Forschungsinstituts für Mathematik. *Mit Beiträgen von 28 Autoren, herausgegeben von* J. NAAS *und* K. SCHRÖDER.

Heft 2: Lösung der allgemeinen Randwertprobleme für eindimensionale gedämpfte Wellen bei harmonischem Zeitgesetz *von* KARL BORKMANN *und* SIEGFRIED OBERLÄNDER.

Heft 3: Die eindeutige Bestimmung allgemeiner konvexer Flächen *von* A. W. POGORELOW.

Heft 4: Bemerkungen über die Stabilitätsuntersuchungen der Wirbelstraßen *von* BL. DOLAPTSCHIEW.

Heft 5: Die Verbiegung konvexer Flächen *von* A. W. POGORELOW.

Heft 6: Einführung in die Theorie stationärer Zufallsfunktionen *von* A. M. JAGLOM.

Heft 7: Tabellen von Exponentialfunktionen und -Integralen zur Anwendung auf Gebieten der Thermodynamik, Halbleitertheorie und Gaskinetik *von* SIEGFRIED OBERLÄNDER.

Heft 8: Konstruktion ganzer, rationaler und reeller Ordinalzahlen und die diskontinuierliche Struktur der transfiniten reellen Zahlenräume *von* DIETER KLAUA.

Heft 9: Über eine Bewertungstheorie der Algebren und ihre Bedeutung für die Arithmetik *von* HERBERT BENZ.

Heft 10: Qualitative Methoden beim n-Körperproblem der Himmelsmechanik *von* H. F. CHILMI.

Heft 11: Gravitative Stoßwellen. Nichtanalytische Wellenlösungen der Einsteinschen Gravitationsgleichungen *von* H. TREDER.

Heft 12: Verallgemeinerte vollkommene Folgenräume *von* ALBRECHT PIETSCH.

Heft 1 – 7 erschienen innerhalb der Schriftenreihe des Forschungsinstituts für Mathematik bei der Deutschen Akademie der Wissenschaften zu Berlin.

HEFT 12 DER SCHRIFTENREIHE
DER INSTITUTE FÜR MATHEMATIK

VERALLGEMEINERTE VOLLKOMMENE FOLGENRÄUME

VON

ALBRECHT PIETSCH

AKADEMIE-VERLAG · BERLIN
1962

Institut für Reine Mathematik, Berlin-Adlershof, Rudower Chaussee 116—125
Erschienen im Akademie-Verlag GmbH, Berlin W 8, Leipziger Straße 3—4

Lizenznummer: 202 · 100/548/62
Gesamtherstellung: VEB Druckhaus „Maxim Gorki", Altenburg
Bestellnummer: 2069/12 · ES 19 B 4 · Preis: DM 31,50

VORWORT

Die Theorie der vollkommenen Folgenräume wurde im Jahre 1934 von G. Köthe und O. Toeplitz begründet. Ihre weitere Entwicklung ist im wesentlichen G. Köthe zu verdanken, der in der Folgezeit mehrere Arbeiten zu diesem Thema veröffentlichte. Als Abschluß seiner Untersuchungen kann man die „Neubegründung der Theorie der vollkommenen Räume“ aus dem Jahre 1951 ansehen.

In der vorliegenden Schrift werden verallgemeinerte vollkommene Folgenräume untersucht, die so definiert sind, daß die zugrunde liegenden Folgen nicht mehr wie bisher aus komplexen Zahlen, sondern aus den Elementen eines beliebigen lokalkonvexen Raumes bestehen. Völlig analoge Betrachtungen wurden von L. Schwartz für die Theorie der Distributionen und von A. Grothendieck für die Theorie der holomorphen Funktionen durchgeführt.

Obwohl bereits von I. Gelfand und R. S. Phillips abstrakte Folgen zur Darstellung von stetigen linearen Abbildungen verwendet wurden, hat man den aus solchen Folgen gebildeten linearen Räumen bisher wenig Aufmerksamkeit geschenkt. Es zeigt sich jedoch, daß gerade die Betrachtung von verallgemeinerten vollkommenen Folgenräumen für das Studium von stetigen linearen Transformationen, die einen gewöhnlichen vollkommenen Folgenraum in einen lokalkonvexen Raum abbilden, sehr nützlich sein kann.

Im ersten Kapitel wird die Theorie der gewöhnlichen vollkommenen Folgenräume neu entwickelt. Ein Vergleich mit der von G. Köthe in seinem Buch über „Topologische lineare Räume“ gewählten Darstellung dieser Theorie zeigt, daß die dabei gewonnenen Ergebnisse im wesentlichen noch nicht bekannt sind. Das zweite Kapitel enthält diejenigen Aussagen über verallgemeinerte vollkommene Folgenräume, die sich in Analogie zur Theorie der gewöhnlichen vollkommenen Folgenräume ergeben. Außerdem wird die Darstellung von stetigen linearen Abbildungen durch abstrakte Folgen behandelt. Als Beispiele werden im dritten Kapitel einige spezielle verallgemeinerte vollkommene Folgenräume betrachtet. Starke Abweichungen von der Theorie der gewöhnlichen vollkommenen Folgenräume treten erst bei der im vierten Kapitel durchgeführten Untersuchung der verallgemeinerten dualen Folgenräume auf. Jedes Kapitel beginnt mit einer ausführlichen Inhaltsangabe. Eine Zusammenstellung der verwendeten Hilfsmittel findet man in den Vorbemerkungen.

Die ersten drei Kapitel enthalten in überarbeiteter Form die Ergebnisse meiner an der Humboldt-Universität zu Berlin eingereichten Habilitationsschrift. Genauere Angaben über die Beziehungen zwischen der vorliegenden Veröffentlichung und dem Original werden in den Schlußbemerkungen gemacht.

Es sei mir gestattet, an dieser Stelle dem Mathematischen Institut der Deutschen Akademie der Wissenschaften zu Berlin für die großzügige Unterstützung zu danken, die mir bei der Anfertigung und Veröffentlichung dieser Arbeit zuteil wurde.

Berlin, im Mai 1961 ALBRECHT PIETSCH

INHALTSVERZEICHNIS

VORBEMERKUNGEN

Die in den folgenden Untersuchungen benötigten Hilfsmittel sind verhältnismäßig elementar. Es handelt sich dabei im wesentlichen um Ergebnisse aus der Theorie der lokalkonvexen Räume, die man etwa aus [5] oder [20] entnehmen kann. Im vierten Kapitel werden außerdem einige Aussagen über Radonsche Maße verwendet.

Lokalkonvexe Räume. Ein (komplexer) *lokalkonvexer Raum* E ist ein linearer Raum über dem Körper der komplexen Zahlen, auf dem eine mit der linearen Struktur verträgliche separierte Topologie gegeben ist, die ein Fundamentalsystem $\mathfrak{U}$ von absolutkonvexen Nullumgebungen besitzt. Dabei kann man $\mathfrak{U}$ so wählen, daß insgesamt die folgenden Aussagen erfüllt sind:

1. *Jede Menge* $U \in \mathfrak{U}$ *ist absolutkonvex und absorbierend.*[1])
2. *Zu zwei Mengen* $U_1, U_2 \in \mathfrak{U}$ *gibt es eine Menge* $U \in \mathfrak{U}$ *mit* $U \subset U_1 \cap U_2$.
3. *Aus* $U \in \mathfrak{U}$ *folgt für jede reelle Zahl* $\varrho > 0$ *stets* $\varrho U \in \mathfrak{U}$.
4. *Zu jedem* $x \in E$ *mit* $x \neq o$ *gibt es eine Menge* $U \in \mathfrak{U}$ *mit* $x \,\overline{\in}\, U$.

Umgekehrt erhält man auf einem linearen Raum E eine lokalkonvexe Topologie, wenn man ausgehend von einem System $\mathfrak{U}$ mit den angegebenen Eigenschaften jedem Punkt $x \in E$ die Mengen $U(x) = x + U$ mit $U \in \mathfrak{U}$ als Umgebungen zuordnet.

Die Gesamtheit E' der auf einem lokalkonvexen Raum E erklärten stetigen Linearformen kann in natürlicher Weise als linearer Raum aufgefaßt werden. Man bezeichnet E' als den zu E *topologisch dualen Raum.*

Für jede Teilmenge M von E ist die *Polare*

$$M^0 = \{a : a \in E' \quad \text{mit} \quad |\langle x, a\rangle| \leq 1 \quad \text{für alle} \quad x \in M\}$$

eine absolutkonvexe Teilmenge von E'. Auf ganz analoge Weise kann jeder Teilmenge von E' eine Polare in E zugeordnet werden. Ist M eine absolutkonvexe und abgeschlossene Teilmenge von E, so gilt $M = M^{00}$ (Bipolarensatz).

Ausgehend von dem System $\mathfrak{S}(E)$ aller endlichen Teilmengen von E erhält man die $\mathfrak{S}(E)$-*Topologie* von E', wenn man die Gesamtheit der Polaren S^0 mit $S \in \mathfrak{S}(E)$ als Fundamentalsystem von Nullumgebungen verwendet. Der mit der $\mathfrak{S}(E)$-Topologie versehene topologische Dual von E wird mit $E'_{\mathfrak{S}(E)}$ bezeichnet. Von großer Wichtigkeit ist die Aussage, daß die Polare jeder Nullumgebung von E

---

[1]) Eine (absolutkonvexe) Teilmenge U von E heißt *absorbierend*, wenn es zu jedem $x \in E$ eine positive Zahl ϱ mit $x \in \varrho U$ gibt. In [20] werden solche Teilmengen als *ausgeglichen* bezeichnet.

eine $\mathfrak{S}(E)$-kompakte Teilmenge von E' ist. Auf völlig analoge Weise ergibt sich aus dem System aller beschränkten Teilmengen von E die $\mathfrak{B}(E)$-*Topologie*.

Jeder lokalkonvexe Raum E besitzt eine bis auf topologische Isomorphie eindeutig bestimmt *vollständige Hülle* $\tilde{E}$, die ebenfalls ein lokalkonvexer Raum ist.

Radonsche Maße. Ist T ein beliebiger kompakter Hausdorffraum, so bilden die auf T definierten stetigen komplexen Funktionen den linearen Raum C_T, der mit der Norm $\|\varphi\| = \sup\{|\varphi(t)| : t \in T\}$ zu einem Banachraum wird. Die auf C_T stetigen Linearformen bezeichnet man als *Radonsche Maße*.

Wenn C_T^+ der Kegel der positiven Funktionen aus C_T ist, so heißt ein Radonsches Maß μ *positiv*, falls für jede Funktion $\varphi \in C_T^+$ stets $\langle\varphi, \mu\rangle \geq 0$ gilt. Durch diese Festsetzung erhält man auf den topologischen Dual M_T von C_T eine Halbordnung.

Für jedes Radonsche Maß μ wird auf C_T^+ durch den Ansatz

$$\langle\varphi, |\mu|\rangle = \sup\{|\langle\psi, \mu\rangle| : \psi \in C_T \quad \text{mit} \quad |\psi| \leq \varphi\}$$

eine positiv homogene und additive Funktion definiert, die auf Grund der Beziehung $C_T = C_T^+ - C_T^+ + iC_T^+ - iC_T^+$ ein eindeutig bestimmtes positives Radonsches Maß $|\mu|$ erzeugt, für das

$$|\langle\varphi, \mu\rangle| \leq \langle|\varphi|, |\mu|\rangle$$

gilt.

Ist μ ein beliebiges positives Radonsches Maß, so bezeichnet man den Banachraum der auf T definierten μ-integrablen komplexen Funktionen mit L_μ^1. Es zeigt sich, daß der topologische Dual von L_μ^1 mit dem Banachraum L_μ^∞ der auf T definierten μ-meßbaren und μ-fast überall beschränkten komplexen Funktionen identifiziert werden kann.

KAPITEL I

VOLLKOMMENE FOLGENRÄUME

Auf einem vollkommenen Folgenraum Λ werden sehr allgemeine lokalkonvexe $\mathfrak{M}$-Topologien eingeführt. Zu diesem Zweck betrachten wir ein topologisierendes System $\mathfrak{M}$ von Λ, das aus beschränkten Teilmengen von Λ^* besteht, und erzeugen in bekannter Weise durch Polarenbildung ein Fundamentalsystem von Nullumgebungen.

Für eine vorgegebene $\mathfrak{M}$-Topologie werden die beschränkten und die kompakten Teilmengen von Λ untersucht. Von großer Wichtigkeit ist die Charakterisierung derjenigen Teilmengen von Λ, die eine relativ $\mathfrak{M}$-kompakte normale Hülle besitzen. Die Vereinigung dieser Mengen ist ein normaler linearer Unterraum $[\Lambda_{\mathfrak{M}}]$ von Λ.

Besonders einfach lassen sich die normalen Topologien behandeln, weil sie ein Fundamentalsystem von normalen Nullumgebungen besitzen. Für jede solche $\mathfrak{N}$-Topologie ist Λ vollständig, und es zeigt sich, daß $[\Lambda_{\mathfrak{N}}]$ ein $\mathfrak{N}$-abgeschlossener Unterraum von Λ ist. Außerdem kann man beweisen, daß die normale Hülle einer $\mathfrak{N}$-kompakten Teilmenge K dann und nur dann ebenfalls $\mathfrak{N}$-kompakt ist, wenn K in $[\Lambda_{\mathfrak{N}}]$ liegt.

Jeder $\mathfrak{M}$-Topologie von Λ wird die normale $\hat{\mathfrak{M}}$-Topologie zugeordnet. Dabei gilt $[\Lambda_{\mathfrak{M}}] = [\Lambda_{\hat{\mathfrak{M}}}]$. Wenn sich in $[\Lambda_{\mathfrak{M}}]$ für beide Topologien die gleichen konvergenten Folgen ergeben, so heißt die $\mathfrak{M}$-Topologie quasinormal. Diese Bezeichnung wird dadurch gerechtfertigt, daß sich die quasinormalen Topologien annähernd wie normale Topologien verhalten.

Die Gesamtheit aller Folgen, die für eine $\mathfrak{M}$-Topologie Grenzwert ihrer Abschnitte sind, ist ein $\mathfrak{M}$-separabler linearer Unterraum $\{\Lambda_{\mathfrak{M}}\}$ von Λ. Es ergibt sich $[\Lambda_{\mathfrak{M}}] \subset \{\Lambda_{\mathfrak{M}}\}$. Für quasinormale Topologien hat man sogar $[\Lambda_{\mathfrak{Q}}] = \{\Lambda_{\mathfrak{Q}}\}$.

Wenn man jedem topologisierenden System $\mathfrak{M}$ von Λ die Gesamtheit aller Teilmengen von Λ zuordnet, die eine relativ $\mathfrak{M}$-kompakte normale Hülle besitzen, so erhält man ein normales topologisierendes System $\mathfrak{M}^*$ von Λ^*. Wird dieser Prozeß wiederholt, so ergibt sich $\mathfrak{M}^{**}$, und es gilt $\mathfrak{M} \subset \mathfrak{M}^{**}$. Von besonderer Bedeutung ist die Tatsache, daß der topologische Dual von $[\Lambda^*_{\mathfrak{M}^*}]$ mit $[\Lambda_{\mathfrak{M}}]$ identifiziert werden kann.

Zwei Gegenbeispiele bilden den Abschluß der Untersuchungen über gewöhnliche vollkommene Folgenräume.

1.1. Folgenräume

Mit $\vec{\xi}_n$ bezeichnen wir die aus den komplexen Zahlen ξ_n $(n = 1, 2, \ldots)$ gebildete *Folge*. Die komplexe Zahl ξ_n heißt *n-te Komponente* von $\vec{\xi}_n$. Insbesondere sollen die Folgen $\vec{\varepsilon}_n$ und $\vec{o}_n$ die Komponenten $\varepsilon_n = 1$ und $o_n = 0$ besitzen.

Ist $\vec{\xi}_n$ eine beliebige Folge und $\mathfrak{i}$ eine Menge von natürlichen Zahlen, so soll die Folge $\vec{\xi}_n(\mathfrak{i})$ die Komponenten $\xi_n(\mathfrak{i}) = \begin{Bmatrix} 0 \text{ für } n \bar{\in} \mathfrak{i} \\ \xi_n \text{ für } n \in \mathfrak{i} \end{Bmatrix}$ haben. Hat $\mathfrak{i}$ die spezielle Form

$$\mathfrak{i} = \{n : n = i\} \quad \text{bzw.} \quad \mathfrak{i} = \{n : n \leq i\} \quad \text{bzw.} \quad \mathfrak{i} = \{n : n > i\},$$

so verwenden wir für $\vec{\xi}_n(\mathfrak{i})$ die Bezeichnung $\vec{\xi}_n(i)$ bzw. $\vec{\xi}_n(\leq i)$ bzw. $\vec{\xi}_n(> i)$. Die Folge $\vec{\xi}_n(\leq i)$ wird *i-ter Abschnitt* von $\vec{\xi}_n$ genannt.

Eine aus komplexen Zahlenfolgen bestehende Menge N heißt *normal*, wenn sie mit $\vec{\xi}_n$ auch alle Folgen $\vec{\eta}_n$ enthält, für die $|\eta_n| \leq |\xi_n|$ gilt. Durchschnitt und Vereinigung von normalen Mengen sind normal. Als *normale Hülle* $\hat{M}$ einer Menge M bezeichnet man die kleinste normale Menge, die M enthält. Setzt man insbesondere $N(\vec{\xi}_n) = \{\vec{\eta}_n : |\eta_n| \leq |\xi_n|\}$, so ergibt sich die normale Hülle von M als Vereinigung der Mengen $N(\vec{\xi}_n)$ mit $\vec{\xi}_n \in M$.

Ein *Folgenraum* Λ ist eine Menge von komplexen Zahlenfolgen, die bezüglich der Operationen $\vec{\xi}_n + \vec{\eta}_n = \overrightarrow{\xi_n + \eta_n}$ und $\lambda \vec{\xi}_n = \overrightarrow{\lambda \xi_n}$ einen linearen Raum bildet. Der zu Λ *duale Folgenraum* Λ^* besteht aus allen Folgen $\vec{\alpha}_n$, für die mit beliebigem $\vec{\xi}_n \in \Lambda$ die Ungleichung $\sum\limits_1^\infty |\alpha_n \xi_n| < +\infty$ gilt. Wenn man den zu Λ^* dualen Folgenraum Λ^{**} bildet, so ergibt sich die Beziehung $\Lambda \subset \Lambda^{**}$. Der Folgenraum Λ heißt *vollkommen*, wenn er mit Λ^{**} zusammenfällt. Jeder vollkommene Folgenraum ist normal.

Der kleinste vollkommene Folgenraum Φ besteht aus allen Folgen, die nur endlich viele von Null verschiedene Komponenten besitzen, während der größte vollkommene Folgenraum Ω alle beliebigen Folgen enthält. Für beide Folgenräume gelten die Beziehungen $\Phi^* = \Omega$ und $\Omega^* = \Phi$. Besonders wichtig sind die zueinander dualen vollkommenen Folgenräume

$$\Sigma^1 = \{\vec{\mu}_n : \sum_1^\infty |\mu_n| < +\infty\} \quad \text{und} \quad \Sigma^\infty = \{\vec{\lambda}_n : \sup |\lambda_n| < +\infty\}.$$

In den nun folgenden Betrachtungen soll Λ stets ein beliebiger vollkommener Folgenraum sein.

Bekanntlich ist die Gesamtheit Γ aller Nullfolgen ein normaler linearer Unterraum von Σ^∞. Diesem Sachverhalt entsprechend, ordnen wir jedem vollkommenen Folgenraum Λ den normalen linearen Unterraum $[\Lambda]$ zu, der aus allen Folgen $\vec{\eta}_n$ besteht, die sich mit $\vec{\gamma}_n \in \Gamma$ und $\vec{\xi}_n \in \Lambda$ in der Form $\vec{\eta}_n = \overrightarrow{\gamma_n \xi_n}$ darstellen lassen. In vielen Fällen gilt $[\Lambda] = \Lambda$. Als Beispiele führen wir die vollkommenen Folgenräume Φ, Ω und Σ^1 an.[1])

Eine Verallgemeinerung der Beziehung $\Gamma^* = \Sigma^1$ enthält

Satz 1.1. *Es gilt* $[\Lambda]^* = \Lambda^*$.

Beweis. Aus $[\Lambda] \subset \Lambda$ ergibt sich unmittelbar $\Lambda^* \subset [\Lambda]^*$. Folglich ist unsere Behauptung bewiesen, wenn wir zeigen können, daß auch die Beziehung $[\Lambda]^* \subset \Lambda^*$ gilt.

---

[1]) Die Beziehung $[\Sigma^1] = \Sigma^1$ folgt aus dem Satz von Dini [15].

Gehört die Folge $\vec{\alpha}_n$ zu $[\Lambda]^*$, so erhält man für $\vec{\xi}_n \in \Lambda$ und $\vec{\gamma}_n \in \Gamma$ die Ungleichung

$$\sum_1^\infty |\alpha_n \xi_n \gamma_n| < +\infty.$$

Weil $\vec{\gamma}_n$ beliebig war, folgt daraus

$$\sum_1^\infty |\alpha_n \xi_n| < +\infty.$$

Da aber auch die Folge $\vec{\xi}_n$ beliebig sein konnte, ergibt sich $\vec{\alpha}_n \in \Lambda^*$. Damit ist die Beziehung $[\Lambda]^* \subset \Lambda^*$ bewiesen.

Eine Teilmenge B von Λ heißt *beschränkt*, wenn es zu jeder Folge $\vec{\alpha}_n \in \Lambda^*$ eine positive Zahl ϱ gibt, so daß für $\vec{\xi}_n \in B$ stets $\sum_1^\infty |\alpha_n \xi_n| \leq \varrho$ gilt. Unmittelbar aus dieser Definition entnimmt man

Satz 1.2. *Die normale Hülle jeder beschränkten Teilmenge von Λ ist ebenfalls beschränkt.*

1.2. Lokalkonvexe $\mathfrak{M}$-Topologien von Λ

Für jeden vollkommenen Folgenraum Λ wird durch den Ansatz

$$\langle \vec{\alpha}_n, \vec{\xi}_n \rangle = \sum_1^\infty \alpha_n \xi_n \quad \text{mit} \quad \vec{\alpha}_n \in \Lambda^* \quad \text{und} \quad \vec{\xi}_n \in \Lambda$$

auf $\Lambda^* \times \Lambda$ eine Bilinearform definiert, die Λ und Λ^* zueinander in Dualität setzt.[1]) Ist M eine beliebige Teilmenge von Λ^*, so bezeichnet man die durch den Ansatz

$$M^0 = \{\vec{\xi}_n : \vec{\xi}_n \in \Lambda \quad \text{mit} \quad |\sum_1^\infty \alpha_n \xi_n| \leq 1 \quad \text{für alle} \quad \vec{\alpha}_n \in M\}$$

definierte absolutkonvexe Teilmenge M^0 von Λ als *Polare* von M. Die Polare jeder beschränkten Teilmenge von Λ^* ist eine absorbierende Teilmenge von Λ.

Wir wollen ein System $\mathfrak{M}$, das aus Teilmengen von Λ^* besteht, als *topologisierendes System* von Λ bezeichnen, wenn es folgende Eigenschaften besitzt:

1. *Jede Menge $M \in \mathfrak{M}$ ist beschränkt.*
2. *Zu zwei Mengen $M_1, M_2 \in \mathfrak{M}$ gibt es eine Menge $M \in \mathfrak{M}$ mit $M_1 \cup M_2 \subset M$.*
3. *Aus $M \in \mathfrak{M}$ folgt für jede reelle Zahl $\varrho > 0$ stets $\varrho M \in \mathfrak{M}$.*
4. *Zu jeder Folge $\vec{\alpha}_n \in [\Lambda^*]$ gibt es eine Menge $M \in \mathfrak{M}$ mit $\vec{\alpha}_n \in M$.*

Ist $\mathfrak{M}$ ein topologisierendes System von Λ, so kann man die Gesamtheit der Polaren M^0 aller Mengen $M \in \mathfrak{M}$ als Fundamentalsystem von Nullumgebungen

1) Vgl. [5] oder [20].

einer separierten lokalkonvexen Topologie von Λ auffassen.[1]) Soll auf Λ die auf diese Weise erzeugte $\mathfrak{M}$-*Topologie* verwendet werden, so bezeichnen wir den vollkommenen Folgenraum mit $\Lambda_{\mathfrak{M}}$. Die zugehörigen topologischen Begriffe werden folgendermaßen gekennzeichnet: $\mathfrak{M}$-*beschränkt*, $\mathfrak{M}$-*kompakt*, $\mathfrak{M}$-*lim* usw.

Wenn wir die Abbildung I_h durch den Ansatz

$$I_h(\vec{\xi}_n) = \xi_h$$

definieren, ergibt sich

Satz 1.3. *I_h ist eine stetige lineare Abbildung von $\Lambda_{\mathfrak{M}}$ in den Körper der komplexen Zahlen.*

Beweis. Wir bestimmen zu der Folge $\vec{\varepsilon}_n(h) \in [\Lambda^*]$ eine Menge $M \in \mathfrak{M}$ mit $\vec{\varepsilon}_n(h) \in M$. Dann gilt

$$|I_h(M^0)| \leq 1.$$

Damit ist die behauptete Stetigkeit von I_h bewiesen.

Wir sagen, daß eine verallgemeinerte Folge $\{\vec{\xi}_n^{[\nu]}\} \subset \Lambda$[2]) *komponentenweise* gegen die Folge $\vec{\xi}_n$ konvergiert, wenn für $n = 1, 2, \ldots$ die Beziehungen $\lim_\nu \xi_n^{[\nu]} = \xi_n$ gelten. Aus Satz 1.3 folgt dann, daß jede in einer beliebigen $\mathfrak{M}$-Topologie gegen $\vec{\xi}_n$ konvergierende verallgemeinerte Folge $\{\vec{\xi}_n^{[\nu]}\}$ auch komponentweise gegen $\vec{\xi}_n$ konvergiert.

1.3. $\mathfrak{M}$-beschränkte Teilmengen von Λ

Die $\mathfrak{M}$-beschränkten Teilmengen von Λ lassen sich folgendermaßen charakterisieren.

Satz 1.4. *Eine Teilmenge von Λ ist dann und nur dann $\mathfrak{M}$-beschränkt, wenn sie beschränkt ist.*[3])

Notwendigkeit. Wir verwenden für unseren Beweis die folgende Aussage:[4]) Ist A eine Teilmenge von Σ^1, so daß es zu jeder Folge $\vec{\gamma}_n \in \Gamma$ eine positive Zahl σ mit $\left|\sum_1^\infty \gamma_n \mu_n\right| \leq \sigma$ für alle $\vec{\mu}_n \in A$ gibt, dann existiert eine positive Zahl ϱ mit $\sum_1^\infty |\mu_n| \leq \varrho$ für alle $\vec{\mu}_n \in A$.

Ist $\vec{\alpha}_n$ eine beliebige Folge aus Λ^*, so liegt $\overrightarrow{\gamma_n\alpha_n}$ für jede Nullfolge $\vec{\gamma}_n$ in $[\Lambda^*]$, und es existiert eine Menge $M \in \mathfrak{M}$ mit $\overrightarrow{\gamma_n\alpha_n} \in M$. Da man zu der $\mathfrak{M}$-beschränkten

[1]) Vgl. Vorbemerkungen.

[2]) Im weiteren muß zwischen den Folgen $\vec{\xi}_n$ (Elemente von Λ) und den verallgemeinerten Folgen $\{\vec{\xi}_n^{[\nu]}\}$ (verallgemeinerte Folge von Elementen aus Λ) unterschieden werden. Bei allen verallgemeinerten Folgen (Moore-Smith-Folgen) durchläuft ν ein gerichtetes Indexsystem.

[3]) Verallgemeinerung von Satz 6 aus [18]. Auch der Beweisgedanke für die Hinlänglichkeit ist im wesentlichen der gleiche.

[4]) Prinzip der gleichmäßigen Beschränktheit.

Teilmenge B von Λ eine positive Zahl σ mit $B \subset \sigma M^0$ finden kann, ergibt sich die Ungleichung

$$\left|\sum_1^\infty \gamma_n \alpha_n \xi_n\right| \leq \sigma \quad \text{für} \quad \vec{\xi}_n \in B.$$

Daraus folgt nach unserer Vorbemerkung, wenn man

$$A = \{\vec{\mu}_n : \mu_n = \alpha_n \xi_n \quad \text{mit} \quad \vec{\xi}_n \in B\}$$

setzt, daß es zu der Folge $\vec{\alpha}_n$ eine positive Zahl ϱ mit $\sum\limits_1^\infty |\alpha_n \xi_n| \leq \varrho$ für $\vec{\xi}_n \in B$ gibt. Folglich ist B eine beschränkte Teilmenge von Λ.

Hinlänglichkeit. Wir betrachten eine beschränkte Teilmenge B von Λ und nehmen an, daß es eine Menge $M \in \mathfrak{M}$ gibt, so daß für keine natürliche Zahl i die Beziehung

$$B \subset 2^i \, i M^0$$

gilt. Dann existieren Folgen $\vec{\xi}_n^{[i]} \in B$ und $\vec{\alpha}_n^{[i]} \in M$ mit

$$\left|\sum_{n=1}^\infty \alpha_n^{[i]} \xi_n^{[i]}\right| > 2^i i.$$

Weil die Menge M beschränkt ist, gibt es positive Zahlen ϱ_n mit

$$|\alpha_n| \leq \varrho_n \quad \text{für} \quad \vec{\alpha}_n \in M.$$

Folglich gelten die Abschätzungen

$$\sum_{i=1}^\infty \frac{1}{2^i} |\alpha_n^{[i]}| \leq \varrho_n,$$

und man erkennt, daß die Reihen

$$\beta_n = \sum_{i=1}^\infty \frac{1}{2^i} |\alpha_n^{[i]}|$$

konvergent sind.

Wenn wir zu der beliebigen Folge $\vec{\xi}_n \in \Lambda$ eine positive Zahl ϱ mit

$$\sum_1^\infty |\alpha_n \xi_n| \leq \varrho \quad \text{für} \quad \vec{\alpha}_n \in M$$

bestimmen, ergibt sich die Ungleichung

$$\sum_1^\infty |\beta_n \xi_n| \leq \varrho < +\infty.$$

Damit ist bewiesen, daß die Folge $\vec{\beta}_n$ zu Λ^* gehört.

Da B nach Voraussetzung eine beschränkte Teilmenge von Λ sein sollte, muß es zu $\vec{\beta}_n$ eine positive Zahl ϱ_0 mit

$$\sum_1^\infty |\beta_n \xi_n| \leq \varrho_0 \qquad \text{für} \qquad \vec{\xi}_n \in B$$

geben. Andererseits erhält man aber für $i = 1, 2, \ldots$ die Ungleichung

$$\sum_{n=1}^\infty |\beta_n \xi_n^{[i]}| \geq \sum_{n=1}^\infty \left| \frac{1}{2^i} \alpha_n^{[i]} \xi_n^{[i]} \right| > i.$$

Aus dem aufgetretenen Widerspruch folgt, daß entgegen unserer Annahme eine natürliche Zahl i mit $B \subset 2^i i M^0$ existiert. Folglich ist B eine $\mathfrak{M}$-beschränkte Teilmenge von Λ.

Aus Satz 1.4 ergibt sich insbesondere die Aussage, daß zu jeder $\mathfrak{M}$-Topologie die gleichen $\mathfrak{M}$-beschränkten Teilmengen von Λ gehören.

1.4. $\mathfrak{M}$-kompakte Teilmengen von Λ

An erster Stelle formulieren wir den im wesentlichen bekannten fundamentalen

Satz 1.5. *Für eine beschränkte Teilmenge K von Λ sind die folgenden Aussagen äquivalent:*

1. *K ist relativ $\mathfrak{M}$-kompakt.*
2. *K ist relativ $\mathfrak{M}$-folgenkompakt.*[1]
3. *Für jede Folge $\{\vec{\xi}_n^{[i]}\}$ von Folgen aus K, die komponentenweise gegen eine Folge $\vec{\xi}_n$ konvergiert, gilt $\xi_n \in \Lambda$ und $\mathfrak{M}\text{-}\lim_{i\to\infty} \vec{\xi}_n^{[i]} = \vec{\xi}_n$.*

Beweis.[2]

1. → 3.: Jede Folge $\{\vec{\xi}_n^{[i]}\}$ aus der relativ $\mathfrak{M}$-kompakten Menge K besitzt in Λ einen Häufungspunkt $\vec{\eta}_n$. Falls die betrachtete Folge komponentenweise gegen $\vec{\xi}_n$ konvergiert, ergeben sich aus Satz 1.3 für $n = 1, 2, \ldots$ die Aussagen $\xi_n = \eta_n$. Demnach hat man $\vec{\xi}_n = \vec{\eta}_n \in \Lambda$, und es ist gleichzeitig bewiesen, daß die Folge $\{\vec{\xi}_n^{[i]}\}$ in Λ den einzigen Häufungspunkt $\vec{\xi}_n$ besitzt. Folglich gilt $\mathfrak{M}\text{-}\lim_{i\to\infty} \vec{\xi}_n^{[i]} = \vec{\xi}_n$.

3. → 2.: Wir betrachten eine beliebige Folge von Folgen aus K und bestimmen durch ein Diagonalverfahren eine Teilfolge $\{\vec{\xi}_n^{[i]}\}$, die komponentenweise gegen eine Folge $\vec{\xi}_n$ konvergiert. Dann ergeben sich aus unserer Voraussetzung die Aussagen $\vec{\xi}_n \in \Lambda$ und $\mathfrak{M}\text{-}\lim_{i\to\infty} \vec{\xi}_n^{[i]} = \vec{\xi}_n$. Folglich ist K relativ $\mathfrak{M}$-folgenkompakt.

---

[1]) Eine Teilmenge K von Λ ist relativ $\mathfrak{M}$-folgenkompakt, wenn zu jeder Folge aus K eine in Λ konvergente Teilfolge existiert.

[2]) Die Beweise [1. → 3.] und [3. → 2.] sind aus [18] übernommen, während wir in [2. → 1.] eine Idee von DIEUDONNÉ verwenden. Vgl. auch [20], S. 418, und [13], Théorèm 3.

2. → 1.: Wenn man beachtet, daß jede komponentenweise konvergente verallgemeinerte Folge von Folgen aus Λ auch in der durch die Metrik

$$\varrho_0(\vec{\xi}_n, \vec{\eta}_n) = \sum_1^\infty \frac{1}{2^n} \frac{|\xi_n - \eta_n|}{1 + |\xi_n - \eta_n|}$$

gewonnenen O-Topologie konvergiert, ergibt sich, daß die $\mathfrak{M}$-Topologie feiner ist als die mit $M \in \mathfrak{M}$ durch die Metrik

$$\varrho_M(\vec{\xi}_n, \vec{\eta}_n) = \varrho_0(\vec{\xi}_n, \vec{\eta}_n) + \sup\{|\langle \vec{\alpha}_n, \overrightarrow{\xi_n - \eta_n}\rangle| : \vec{\alpha}_n \in M\}$$

erzeugte M-Topologie von Λ.

Aus diesen Vorbemerkungen folgt, daß jede relativ $\mathfrak{M}$-folgenkompakte Teilmenge K von Λ auch in der metrischen M-Topologie relativ folgenkompakt und somit relativ kompakt sein muß. Demnach konvergiert jeder Ultrafilter $\boldsymbol{F}$ aus K in der M-Topologie gegen eine Folge $\vec{\xi}_n(M) \in \Lambda$. Da $\boldsymbol{F}$ auch für die schwächere O-Topologie gegen $\vec{\xi}_n(M)$ strebt, und der Grenzwert von $\boldsymbol{F}$ in dieser Topologie eindeutig bestimmt ist, kann $\vec{\xi}_n(M)$ nicht von M abhängen. Demnach konvergiert $\boldsymbol{F}$ für jede M-Topologie gegen ein und dieselbe Folge $\vec{\xi}_n$. Folglich gilt $\mathfrak{M}\text{-}\lim \boldsymbol{F} = \vec{\xi}_n$. Damit haben wir gezeigt, daß K relativ $\mathfrak{M}$-kompakt ist.

Nun ergibt sich der grundlegende

Satz 1.6. *Die normale Hülle einer beschränkten Teilmenge K von Λ ist dann und nur dann relativ $\mathfrak{M}$-kompakt, wenn es zu jeder Menge $M \in \mathfrak{M}$ eine natürliche Zahl i mit*

$$\sum_{i+1}^\infty |\alpha_n \xi_n| \leq 1 \quad \textit{für} \quad \vec{\alpha}_n \in M \quad \textit{und} \quad \vec{\xi}_n \in K \tag{*}$$

gibt.

Notwendigkeit. Wenn man zu einer Menge $M \in \mathfrak{M}$ keine natürliche Zahl mit der gewünschten Eigenschaft finden kann, muß es zu jeder natürlichen Zahl i Folgen $\vec{\alpha}_n^{[i]} \in M$ und $\vec{\xi}_n^{[i]} \in K$ mit

$$\sum_{n=i+1}^\infty |\alpha_n^{[i]} \xi_n^{[i]}| > 1 \tag{1}$$

geben.

Wir bestimmen nun komplexe Zahlen $\lambda_n^{[i]}$ mit $|\lambda_n^{[i]}| \leq 1$, so daß die folgenden Beziehungen gelten:

$$\lambda_n^{[i]} = 0 \qquad \text{für} \quad n \leq i,$$
$$\alpha_n^{[i]} \xi_n^{[i]} \lambda_n^{[i]} = |\alpha_n^{[i]} \xi_n^{[i]}| \quad \text{für} \quad n > i.$$

Dann erhält man aus (1) die Ungleichung

$$\sum_{n=1}^\infty \alpha_n^{[i]} \xi_n^{[i]} \lambda_n^{[i]} > 1. \tag{2}$$

Da die zu $\hat{K}$ gehörigen Folgen $\overrightarrow{\xi_n^{[i]} \lambda_n^{[i]}}$ komponentenweise gegen $\vec{o}_n$ konvergieren, gilt $\mathfrak{M}\text{-}\lim\limits_{i\to\infty} \overrightarrow{\xi_n^{[i]} \lambda_n^{[i]}} = \vec{o}_n$. Folglich existiert eine natürliche Zahl i_0 mit

$$\overrightarrow{\xi_n^{[i]} \lambda_n^{[i]}} \in M^0 \qquad \text{für} \qquad i \geq i_0.$$

Demnach gilt für $i \geq i_0$ im Gegensatz zu (2)

$$\left| \sum_{n=1}^{\infty} \alpha_n^{[i]} \xi_n^{[i]} \lambda_n^{[i]} \right| \leq 1. \tag{3}$$

Aus dem aufgetretenen Widerspruch folgt, daß unsere ursprüngliche Annahme falsch war.

Hinlänglichkeit. Wir betrachten eine Folge $\{\vec{\eta}_n^{[j]}\}$ von Folgen aus $\hat{K}$, die komponentenweise gegen eine Folge $\vec{\eta}_n$ konvergiert. Nach Definition von $\hat{K}$ existieren dann Folgen $\vec{\xi}_n^{[j]} \in K$ mit $|\eta_n^{[j]}| \leq |\xi_n^{[j]}|$.

Ist M eine beliebige Menge aus $\mathfrak{M}$, so gibt es nach Voraussetzung eine natürliche Zahl i mit

$$\sum_{i+1}^{\infty} |\alpha_n \xi_n| \leq 1 \qquad \text{für} \qquad \vec{\alpha}_n \in M \qquad \text{und} \qquad \vec{\xi}_n \in K.$$

Folglich gilt auch

$$\sum_{n=i+1}^{\infty} |\alpha_n \eta_n^{[j]}| \leq 1 \qquad \text{für} \qquad \vec{\alpha}_n \in M \qquad \text{und} \qquad j = 1, 2, \ldots,$$

und wir erhalten durch Grenzübergang die Ungleichung

$$\sum_{n=i+1}^{\infty} |\alpha_n \eta_n| \leq 1 \quad \text{für} \quad \vec{\alpha}_n \in M.$$

Weil M eine beschränkte Teilmenge von Λ ist, gibt es positive Zahlen ϱ_n mit

$$|\alpha_n| \leq \varrho_n \quad \text{für} \quad \vec{\alpha}_n \in M.$$

Wegen der komponentenweisen Konvergenz der Folge $\{\vec{\eta}_n^{[j]}\}$ existiert eine natürliche Zahl j_0 mit

$$|\eta_n^{[j]} - \eta_n| \leq \frac{1}{i\varrho_n} \quad \text{für} \quad j \geq j_0 \quad \text{und} \quad n = 1, \ldots, i.$$

Nun ergibt sich aus der Ungleichung

$$\sum_{n=1}^{\infty} |\alpha_n(\eta_n^{[j]} - \eta_n)| \leq \sum_{n=1}^{i} |\alpha_n(\eta_n^{[j]} - \eta_n)| + \sum_{n=i+1}^{\infty} |\alpha_n \eta_n^{[j]}| + \sum_{n=i+1}^{\infty} |\alpha_n \eta_n|$$

die Beziehung

$$\sum_{n=1}^{\infty} |\alpha_n(\eta_n^{[j]} - \eta_n)| \leq 3 \quad \text{für} \quad \vec{\alpha}_n \in M \quad \text{und} \quad j \geq j_0. \tag{4}$$

Da es zu jeder Folge $\vec{\alpha}_n \in [\Lambda^*]$ eine Menge $M \in \mathfrak{M}$ mit $\vec{\alpha}_n \in M$ gibt, folgt aus (4) die Aussage

$$\sum_{1}^{\infty} |\alpha_n \eta_n| \leqq \sum_{1}^{\infty} |\alpha_n(\eta_n^{[j_0]} - \eta_n)| + \sum_{1}^{\infty} |\alpha_n \eta_n^{[j_0]}| < +\infty.$$

Demnach gehört die Folge $\vec{\eta}_n$ zu $[\Lambda^*]^* = \Lambda$. Nun erhalten wir wiederum aus (4) die Beziehung

$$\vec{\eta}_n^{[j]} - \vec{\eta}_n \in 3M^0 \quad \text{für} \quad j \geq j_0.$$

Damit sind die Aussagen

$$\vec{\eta}_n \in \Lambda \quad \text{und} \quad \mathfrak{M}\text{-}\lim_{j\to\infty} \vec{\eta}_n^{[j]} = \vec{\eta}_n$$

bewiesen, und aus Satz 1.5 folgt, daß $\hat{K}$ eine relativ $\mathfrak{M}$-kompakte Teilmenge von Λ ist.

1.5. Der Folgenraum $[\Lambda_{\mathfrak{M}}]$

Für die nun folgenden Betrachtungen benötigen wir

Satz 1.7. *Für jede Folge $\vec{\xi}_n \in \Lambda$ ist $N(\vec{\xi}_n)$ eine $\mathfrak{M}$-abgeschlossene Teilmenge von Λ.*

Beweis. Wir betrachten eine beliebige verallgemeinerte Folge $\{\vec{\eta}_n^{[\nu]}\}$ aus $N(\xi_n)$, die in der $\mathfrak{M}$-Topologie gegen eine Folge $\vec{\eta}_n \in \Lambda$ konvergiert. Dann ergibt sich wegen der komponentenweisen Konvergenz aus $|\eta_n^{[\nu]}| \leq |\xi_n|$ auch $|\eta_n| \leq |\xi_n|$, und man erkennt, daß $\vec{\eta}_n$ zu $N(\vec{\xi}_n)$ gehört.

Im folgenden bezeichnen wir mit $[\Lambda_{\mathfrak{M}}]$ die Gesamtheit aller Folgen $\vec{\xi}_n \in \Lambda$, für die $N(\vec{\xi}_n)$ eine $\mathfrak{M}$-kompakte Teilmenge von Λ ist. Auf $[\Lambda_{\mathfrak{M}}]$ soll stets die durch $\Lambda_{\mathfrak{M}}$ induzierte $\mathfrak{M}$-Topologie verwendet werden.

Aus Satz 1.6 und Satz 1.7 ergibt sich unmittelbar

Satz 1.8. *Eine Folge $\vec{\xi}_n$ gehört dann und nur dann zu $[\Lambda_{\mathfrak{M}}]$, wenn es zu jeder Menge $M \in \mathfrak{M}$ eine natürliche Zahl i mit*

$$\sum_{i+1}^{\infty} |\alpha_n \xi_n| \leq 1 \quad \text{für} \quad \vec{\alpha}_n \in M \tag{**}$$

gibt.[1])

[1]) Aus der Bedingung (**) folgt, daß $\vec{\xi}$ zu $\Lambda = [\Lambda^*]^*$ gehört.

Nun erhalten wir

Satz 1.9. *$[\Lambda_{\mathfrak{M}}]$ ist ein normaler linearer Unterraum von Λ.*

Beweis. 1. Gehört die Folge $\vec{\xi}_n$ zu $[\Lambda_{\mathfrak{M}}]$, so existiert zu jeder Menge $M \in \mathfrak{M}$ eine natürliche Zahl i mit

$$\sum_{i+1}^{\infty} |\alpha_n \xi_n| \leq 1 \qquad \text{für} \qquad \vec{\alpha}_n \in M.$$

Nun ergibt sich für jede Folge $\vec{\eta}_n$ mit $|\eta_n| \leq |\xi_n|$ ebenfalls die Aussage

$$\sum_{i+1}^{\infty} |\alpha_n \eta_n| \leq 1 \qquad \text{für} \qquad \vec{\alpha}_n \in M.$$

Folglich gilt auch $\vec{\eta}_n \in [\Lambda_{\mathfrak{M}}]$.

2. Wir betrachten zwei Folgen $\vec{\xi}_n$ und $\vec{\eta}_n$ aus $[\Lambda_{\mathfrak{M}}]$. Sind λ und μ zwei beliebige komplexe Zahlen, so setzen wir $\varrho = |\lambda| + |\mu|$. Da es wegen $\varrho M \in \mathfrak{M}$[1]) eine natürliche Zahl i mit

$$\sum_{i+1}^{\infty} |\beta_n \xi_n| \leq 1 \quad \text{und} \quad \sum_{i+1}^{\infty} |\beta_n \eta_n| \leq 1 \quad \text{für} \quad \vec{\beta}_n \in \varrho M$$

gibt, erhalten wir die Ungleichungen

$$\sum_{i+1}^{\infty} |\beta_n (\lambda \xi_n + \mu \eta_n)| \leq |\lambda| + |\mu| = \varrho \qquad \text{für} \qquad \vec{\beta}_n \in \varrho M$$

oder

$$\sum_{i+1}^{\infty} |\alpha_n (\lambda \xi_n + \mu \eta_n)| \leq 1 \qquad \text{für} \qquad \vec{\alpha}_n \in M.$$

Damit haben wir gezeigt, daß die Folge $\lambda \vec{\xi}_n + \mu \vec{\eta}_n$ zu $[\Lambda_{\mathfrak{M}}]$ gehört.

Wir bemerken, daß $[\Lambda_{\mathfrak{M}}]$ im allgemeinen kein $\mathfrak{M}$-abgeschlossener Unterraum von Λ ist. Es gilt jedoch

Satz 1.10. *Liegt die verallgemeinerte Folge $\{\vec{\xi}_n^{(\nu)}\}$ von Folgen aus $[\Lambda_{\mathfrak{M}}]$, die in der $\mathfrak{M}$-Topologie gegen die Folge $\vec{\xi}_n \in \Lambda$ konvergiert, in einer normalen und relativ $\mathfrak{M}$-kompakten Teilmenge K von Λ, so gehört die Folge $\vec{\xi}_n$ zu $[\Lambda_{\mathfrak{M}}]$.*[2])

Beweis. Da es nach Satz 1.6 zu jeder Menge $M \in \mathfrak{M}$ eine natürliche Zahl i mit

$$\sum_{i+1}^{\infty} |\alpha_n \eta_n| \leq 1 \qquad \text{für} \qquad \vec{\alpha}_n \in M \text{ und } \vec{\eta}_n \in K$$

---

[1]) Man kann $\varrho > 0$ voraussetzen, da der Fall $\varrho = 0$ trivial ist.

[2]) Es reicht aus, wenn man annimmt, daß die verallgemeinerte Folge $\{\vec{\xi}_n^{(\nu)}\}$ komponentenweise gegen $\vec{\xi}_n$ konvergiert.

gibt, gelten die Beziehungen

$$\sum_{i+1}^{\infty} |\alpha_n \xi_n^{[\nu]}| \leq 1 \quad \text{für} \quad \vec{\alpha}_n \in M,$$

aus denen man durch Grenzübergang die Ungleichung

$$\sum_{i+1}^{\infty} |\alpha_n \xi_n| \leq 1 \quad \text{für} \quad \vec{\alpha}_n \in M$$

erhält. Folglich gehört die Folge $\vec{\xi}_n$ zu $[\Lambda_{\mathfrak{M}}]$.

Wir zeigen nun, daß die Folgen aus $[\Lambda]$ für jede $\mathfrak{M}$-Topologie in $[\Lambda_{\mathfrak{M}}]$ liegen.

Satz 1.11. *Es gilt* $[\Lambda] \subset [\Lambda_{\mathfrak{M}}]$.

Beweis. Wir betrachten eine beliebige Folge $\vec{\eta}_n \in [\Lambda]$ und stellen sie in der Form

$$\vec{\eta}_n = \overrightarrow{\gamma_n \xi_n} \qquad \text{mit} \qquad \vec{\gamma}_n \in \Gamma \qquad \text{und} \qquad \vec{\xi}_n \in \Lambda$$

dar. Ist M eine beliebige Menge aus $\mathfrak{M}$, so bestimmen wir eine positive Zahl ϱ mit

$$\sum_{1}^{\infty} |\alpha_n \xi_n| \leq \varrho \qquad \text{für} \qquad \vec{\alpha}_n \in M.$$

Wenn man nun zu der Nullfolge $\vec{\gamma}_n$ eine natürliche Zahl i mit $|\gamma_n| \leq \frac{1}{\varrho}$ für $n > i$ wählt, ergibt sich die Ungleichung

$$\sum_{i+1}^{\infty} |\alpha_n \eta_n| \leq \frac{1}{\varrho} \sum_{i+1}^{\infty} |\alpha_n \xi_n| \leq 1 \qquad \text{für} \qquad \vec{\alpha}_n \in M.$$

Damit ist die Aussage $\vec{\eta}_n \in [\Lambda_{\mathfrak{M}}]$ bewiesen.

Abschließend formulieren wir

Satz 1.12. *Jede normale und relativ $\mathfrak{M}$-kompakte Teilmenge von Λ liegt in* $[\Lambda_{\mathfrak{M}}]$.

Beweis. Ist $\vec{\xi}_n$ eine beliebige Folge aus der normalen und relativ $\mathfrak{M}$-kompakten Teilmenge K von Λ, so hat man $N(\vec{\xi}_n) \subset K$. Folglich ist $N(\vec{\xi}_n)$ eine $\mathfrak{M}$-kompakte Teilmenge von Λ, und es gilt $\vec{\xi}_n \in [\Lambda_{\mathfrak{M}}]$. Also hat man $K \subset [\Lambda_{\mathfrak{M}}]$.

1.6. Lokalkonvexe $\mathfrak{N}$-Topologien von Λ

Ein topologisierendes System $\mathfrak{N}$ und die zugehörige $\mathfrak{N}$-Topologie von Λ sollen als *normal* bezeichnet werden, wenn $\mathfrak{N}$ mit jeder Menge auch deren normale Hülle enthält. Da die Polare jeder normalen Teilmenge N von Λ^* wegen

$$N^0 = \{\vec{\xi}_n : \vec{\xi}_n \in \Lambda \quad \text{mit} \quad \sum_{1}^{\infty} |\alpha_n \xi_n| \leq 1 \quad \text{für alle} \quad \vec{\alpha}_n \in N\}$$

eine normale Teilmenge von Λ ist, gibt es zu jeder normalen Topologie ein Fundamentalsystem von normalen Nullumgebungen.

Im folgenden wollen wir unter $\mathfrak{N}$ stets ein beliebiges normales topologisierendes System von Λ verstehen. Es wird sich zeigen, daß die $\mathfrak{N}$-Topologien viele bemerkenswerte Eigenschaften besitzen.

1.7. Vollständigkeit von $\Lambda_{\mathfrak{N}}$

Für jede $\mathfrak{N}$-Topologie gilt

Satz 1.13. *$\Lambda_{\mathfrak{N}}$ ist vollständig.*

Beweis. Wir betrachten in $\Lambda_{\mathfrak{N}}$ eine beliebige verallgemeinerte Cauchy-Folge $\{\vec{\xi}_n^{[\nu]}\}$. Nach Satz 1.3 ist dann $\{\xi_n^{[\nu]}\}$ für jede natürliche Zahl n eine verallgemeinerte Cauchy-Folge von komplexen Zahlen, die gegen eine komplexe Zahl ξ_n konvergieren muß.

Da es nach Voraussetzung zu jeder normalen Menge $N \in \mathfrak{N}$ einen Index ν_0 mit

$$\vec{\xi}_n^{[\nu]} - \vec{\xi}_n^{[\nu']} \in N^0 \quad \text{für} \quad \nu, \nu' \geq \nu_0$$

gibt, bestehen die Ungleichungen

$$\sum_{n=1}^{\infty} |\alpha_n(\xi_n^{[\nu]} - \xi_n^{[\nu']})| \leq 1 \quad \text{für} \quad \vec{\alpha}_n \in N \quad \text{und} \quad \nu, \nu' \geq \nu_0,$$

aus denen man durch Grenzübergang

$$\sum_{n=1}^{\infty} |\alpha_n(\xi_n^{[\nu]} - \xi_n)| \leq 1 \quad \text{für} \quad \vec{\alpha}_n \in N \quad \text{und} \quad \nu \geq \nu_0 \tag{1}$$

erhält.

Da es zu jeder Folge $\vec{\alpha}_n \in [\Lambda^*]$ eine normale Menge $N \in \mathfrak{N}$ mit $\vec{\alpha}_n \in N$ gibt, folgt aus (1) die Aussage

$$\sum_1^{\infty} |\alpha_n \xi_n| \leq \sum_1^{\infty} |\alpha_n(\xi_n^{[\nu_0]} - \xi_n)| + \sum_1^{\infty} |\alpha_n \xi_n^{[\nu_0]}| < +\infty.$$

Demnach gehört die Folge $\vec{\xi}_n$ zu $[\Lambda^*]^* = \Lambda$. Nun erhalten wir wiederum aus (1) die Beziehung

$$\vec{\xi}_n^{[\nu]} - \vec{\xi}_n \in N^0 \quad \text{für} \quad \nu \geq \nu_0.$$

Damit haben wir bewiesen, daß die verallgemeinerte Cauchy-Folge $\{\vec{\xi}_n^{[\nu]}\}$ in der $\mathfrak{N}$-Topologie gegen die Folge $\vec{\xi}_n$ konvergiert.

Zum Beweis der Vollständigkeit von $[\Lambda_{\mathfrak{N}}]$ verwenden wir

Satz 1.14. *$[\Lambda_{\mathfrak{N}}]$ ist ein $\mathfrak{N}$-abgeschlossener Unterraum von Λ.*

Beweis. Wenn die Folge $\vec{\xi}_n \in \Lambda$ in der $\mathfrak{N}$-abgeschlossenen Hülle von $[\Lambda_{\mathfrak{N}}]$ liegt, gibt es zu jeder normalen Menge $N \in \mathfrak{N}$ eine Folge $\vec{\eta}_n \in [\Lambda_{\mathfrak{N}}]$ mit

$$\vec{\xi}_n - \vec{\eta}_n \in \frac{1}{2} N^0.$$

Folglich gelten die Ungleichungen

$$\sum_1^\infty |\alpha_n(\xi_n - \eta_n)| \leq \frac{1}{2} \quad \text{für} \quad \vec{\alpha}_n \in N.$$

Da zu $\vec{\eta}_n \in [\Lambda_{\mathfrak{N}}]$ außerdem eine natürliche Zahl i mit

$$\sum_{i+1}^\infty |\alpha_n \eta_n| \leq \frac{1}{2} \quad \text{für} \quad \vec{\alpha}_n \in N$$

existiert, erhält man die Abschätzung

$$\sum_{i+1}^\infty |\alpha_n \xi_n| \leq \sum_{i+1}^\infty |\alpha_n(\xi_n - \eta_n)| + \sum_{i+1}^\infty |\alpha_n \eta_n| \leq 1 \quad \text{für} \quad \vec{\alpha}_n \in N.$$

Folglich gehört die Folge $\vec{\xi}_n$ zu $[\Lambda_{\mathfrak{N}}]$.

Als unmittelbare Folgerung aus Satz 1.13 und Satz 1.14 ergibt sich

Satz 1.15. *$[\Lambda_{\mathfrak{N}}]$ ist vollständig.*

1.8. Die normalen Hüllen der $\mathfrak{N}$-kompakten Teilmengen von Λ

Wir betrachten das normale topologisierende System $\mathfrak{K}$ von Σ^∞, das aus allen beschränkten Teilmengen K von Σ^1 besteht, für die

$$\varrho_i = \sup \left\{ \sum_i^\infty |\mu_n| : \vec{\mu}_n \in K \right\} \quad \text{mit} \quad i = 1, 2, \ldots$$

eine Nullfolge ist. Dann ergibt sich aus Satz 1.6, daß

$$B = \{ \vec{\lambda}_n : |\lambda_n| \leq 1 \}$$

eine $\mathfrak{K}$-kompakte Teilmenge von Σ^∞ sein muß.

Nach diesen Vorbereitungen formulieren wir

Satz 1.16. *Durch den Ansatz*

$$\boldsymbol{b}(\vec{\lambda}_n, \vec{\xi}_n) = \overrightarrow{\lambda_n \xi_n}$$

wird eine B-hyperstetige bilineare Abbildung $\boldsymbol{b}$ von $\Sigma^\infty_{\mathfrak{K}} \times [\Lambda_{\mathfrak{N}}]$ in $\Lambda_{\mathfrak{N}}$ definiert.[1])

---

[1]) Die Definition der $\mathfrak{H}$-Hyperstetigkeit einer bilinearen Abbildung findet man in [5], Chap. III. In unserem Falle besteht das Mengensystem $\mathfrak{H}$ nur aus der einzigen Menge B.

Beweis. Ist N eine beliebige normale Menge aus $\mathfrak{N}$, so gilt

$$\boldsymbol{b}(B, N^0 \cap [\Lambda_{\mathfrak{N}}]) \subset N^0. \tag{1}$$

Wir betrachten nun eine Folge $\vec{\xi}_n \in [\Lambda_{\mathfrak{N}}]$ und zeigen, daß die Menge

$$K = \{\overrightarrow{\alpha_n \xi_n} : \vec{\alpha}_n \in N\}$$

zu $\mathfrak{K}$ gehört. Ist nämlich ϱ eine beliebige positive Zahl, so existiert wegen $\frac{1}{\varrho} N \in \mathfrak{N}$ eine natürliche Zahl i mit

$$\sum_{i+1}^{\infty} |\beta_n \xi_n| \leq 1 \quad \text{für} \quad \vec{\beta}_n \in \frac{1}{\varrho} N.$$

Demnach gilt

$$\varrho_{i+1} = \sup \left\{ \sum_{i+1}^{\infty} |\alpha_n \xi_n| : \vec{\alpha}_n \in N \right\} \leq \varrho,$$

und wir haben gezeigt, daß die Folge $\vec{\varrho}_i$ gegen 0 konvergiert.

Hat man eine beliebige Folge $\vec{\lambda}_n \in K^0$, so besteht für jede Folge $\vec{\alpha}_n \in N$ wegen $\overrightarrow{\alpha_n \xi_n} \in K$ die Ungleichung

$$\left| \sum_{1}^{\infty} \lambda_n \alpha_n \xi_n \right| \leq 1.$$

Demnach gilt $\overrightarrow{\lambda_n \xi_n} \in N^0$. Damit ist aber die Beziehung

$$\boldsymbol{b}(K^0, \vec{\xi}_n) \subset N^0 \tag{2}$$

bewiesen.

Abschließend entnimmt man aus (1) und (2) die behauptete B-Hyperstetigkeit der bilinearen Abbildung $\boldsymbol{b}$.

Nun ergibt sich

Satz 1.17. *Die normale Hülle jeder (relativ) $\mathfrak{N}$-kompakten Teilmenge von $[\Lambda_{\mathfrak{N}}]$ ist ebenfalls (relativ) $\mathfrak{N}$-kompakt.*

Beweis. Weil die Einschränkung der bilinearen Abbildung $\boldsymbol{b}$ auf $B \times [\Lambda_{\mathfrak{N}}]$ stetig ist[1]), folgt unsere Behauptung unmittelbar aus der Beziehung

$$\boldsymbol{b}(B, K) = \hat{K}$$

und der Tatsache, daß B eine $\mathfrak{K}$-kompakte Teilmenge von Σ^∞ ist.

Durch Zusammenfassung von Satz 1.12 und Satz 1.17 erhalten wir schließlich

Satz 1.18. *Die normale Hülle einer (relativ) $\mathfrak{N}$-kompakten Teilmenge K von Λ ist dann und nur dann ebenfalls (relativ) $\mathfrak{N}$-kompakt, wenn K in $[\Lambda_{\mathfrak{N}}]$ liegt.*

---

[1]) Man beachte Prop. 4 auf S. 39 von [5], Chap. III.

1.9. Lokalkonvexe $\hat{\mathfrak{M}}$-Topologien von Λ

Ist $\mathfrak{M}$ ein beliebiges topologisierendes System von Λ, so bilden wir die Gesamtheit $\hat{\mathfrak{M}}$ aller Teilmengen aus Λ^*, die in wenigstens einer Menge $\hat{M}$ mit $M \in \mathfrak{M}$ enthalten sind. Man überlegt sich leicht, daß $\hat{\mathfrak{M}}$ ein normales topologisierendes System von Λ ist. Wegen $\mathfrak{M} \subset \hat{\mathfrak{M}}$ muß die $\hat{\mathfrak{M}}$-Topologie feiner als die $\mathfrak{M}$-Topologie sein.

Satz 1.19. *Jede normale (relativ) $\mathfrak{M}$-kompakte Teilmenge von Λ ist sogar (relativ) $\hat{\mathfrak{M}}$-kompakt.*

Beweis. Ist K eine normale und relativ $\mathfrak{M}$-kompakte Teilmenge von Λ, so gibt es nach Satz 1.6 zu jeder Menge $M \in \mathfrak{M}$ eine natürliche Zahl i mit

$$\sum_{i+1}^{\infty} |\alpha_n \xi_n| \leq 1 \quad \text{für} \quad \vec{\alpha}_n \in M \quad \text{und} \quad \vec{\xi}_n \in K.$$

Folglich gilt auch

$$\sum_{i+1}^{\infty} |\beta_n \xi_n| \leq 1 \quad \text{für} \quad \vec{\beta}_n \in \hat{M} \quad \text{und} \quad \vec{\xi}_n \in K.$$

Nun ergibt sich wiederum aus Satz 1.6, daß K sogar relativ $\hat{\mathfrak{M}}$-kompakt ist.

Damit ist unsere Behauptung vollständig bewiesen, wenn man noch beachtet, daß jede $\mathfrak{M}$-abgeschlossene Teilmenge von Λ erst recht $\hat{\mathfrak{M}}$-abgeschlossen ist.

Als unmittelbare Folgerung aus Satz 1.19 und der Definition von $[\Lambda_{\mathfrak{M}}]$ ergibt sich

Satz 1.20. *Es gilt* $[\Lambda_{\mathfrak{M}}] = [\Lambda_{\hat{\mathfrak{M}}}]$.

Abschließend erwähnen wir

Satz 1.21. *Jede $\mathfrak{M}$-konvergente Folge, die in einer normalen und relativ $\mathfrak{M}$-kompakten Teilmenge von Λ liegt, ist sogar $\hat{\mathfrak{M}}$-konvergent.*

Beweis. Wir betrachten eine Folge $\{\vec{\xi}_n^{[i]}\}$ mit $\mathfrak{M}\text{-}\lim_{i\to\infty} \vec{\xi}_n^{[i]} = \vec{\xi}_n$ und nehmen an, daß es eine normale und relativ $\mathfrak{M}$-kompakte Teilmenge K von Λ mit $\vec{\xi}_n^{[i]} \in K$ gibt. Weil K nach Satz 1.19 sogar relativ $\hat{\mathfrak{M}}$-kompakt ist, folgt dann wegen der komponentenweisen Konvergenz der betrachteten Folge aus Satz 1.5 die Beziehung

$$\hat{\mathfrak{M}}\text{-}\lim_{i\to\infty} \vec{\xi}_n^{[i]} = \vec{\xi}_n.$$

Wir bemerken, daß sich aus Satz 1.19 die allgemeinere Aussage ergibt, daß auf jeder normalen und relativ $\mathfrak{M}$-kompakten Teilmenge von Λ die $\mathfrak{M}$-Topologie mit der $\hat{\mathfrak{M}}$-Topologie zusammenfällt.[1])

[1]) Vgl. Cor. 2. auf S. 96 von [3] oder [20], S. 19.

1.10. Lokalkonvexe $\mathfrak{Q}$-Topologien von Λ

Ein topologisierendes System $\mathfrak{Q}$ und die zugehörige $\mathfrak{Q}$-Topologie von Λ sollen als *quasinormal* bezeichnet werden, wenn in $[\Lambda_{\mathfrak{Q}}]$ jede $\mathfrak{Q}$-konvergente Folge sogar $\hat{\mathfrak{Q}}$-konvergent ist. Offenbar sind alle normalen Topologien auch quasinormal. Anschließend betrachten wir eine Klasse von quasinormalen Topologien, die im allgemeinen nicht normal sind.

Man überzeugt sich leicht, daß für jeden normalen und linearen Unterraum Δ von Λ^* mit $[\Lambda^*] \subset \Delta$ die Gesamtheit $\mathfrak{S}(\Delta)$ aller endlichen Teilmengen von Δ ein topologisierendes System von Λ ist.

Für die so definierten Topologien erhalten wir

Satz 1.22. *Es gilt* $[\Lambda_{\mathfrak{S}[\Delta]}] = \Lambda$.

Beweis. Wir betrachten eine beliebige Folge $\vec{\xi}_n \in \Lambda$. Da für jede Folge $\vec{\alpha}_n \in \Delta$ die Ungleichung

$$\sum_{1}^{\infty} |\alpha_n \xi_n| < +\infty$$

besteht, gibt es zu $\vec{\alpha}_n$ eine natürliche Zahl i mit

$$\sum_{i+1}^{\infty} |\alpha_n \xi_n| \leq 1 .$$

Demnach existiert auch zu jeder endlichen Teilmenge S von Δ eine natürliche Zahl i mit

$$\sum_{i+1}^{\infty} |\alpha_n \xi_n| \leq 1 \qquad \text{für} \qquad \vec{\alpha}_n \in S.$$

Folglich gehört die Folge $\vec{\xi}_n$ zu $[\Lambda_{\mathfrak{S}(\Delta)}]$, und die Beziehung $[\Lambda_{\mathfrak{S}(\Delta)}] = \Lambda$ ist bewiesen.

Zum Nachweis, daß jede $\mathfrak{S}(\Delta)$-Topologie eines beliebigen vollkommenen Folgenraumes Λ quasinormal ist, verwenden wir die bekannte Tatsache, daß in Σ^1 jede $\mathfrak{S}(\Sigma^\infty)$-konvergente Folge sogar $\hat{\mathfrak{S}}(\Sigma^\infty)$-konvergent ist.[1]) Man weiß also, daß die $\mathfrak{S}(\Sigma^\infty)$-Topologie von Σ^1 quasinormal ist.

Satz 1.23. *Jede $\mathfrak{S}(\Delta)$-Topologie von Λ ist quasinormal.*

Beweis. Ist $\vec{\alpha}_n$ eine beliebige Folge aus Δ, so wird durch den Ansatz

$$A(\vec{\xi}_n) = \overrightarrow{\alpha_n \xi_n}$$

eine stetige lineare Abbildung A von $\Lambda_{\mathfrak{S}(\Delta)}$ in $\Sigma^1_{\mathfrak{S}(\Sigma^\infty)}$ definiert, denn für jede endliche Teilmenge $L = \{\vec{\lambda}_n^{[1]}, \ldots, \vec{\lambda}_n^{[s]}\}$ von Σ^∞ gilt mit $S = \{\overrightarrow{\lambda_n^{[1]}\alpha_n}, \ldots, \overrightarrow{\lambda_n^{[s]}\alpha_n}\}$ die Beziehung

$$A(S^0) \subset L^0.$$

---

[1]) Vgl. etwa [20], S. 283.

Wir betrachten nun eine Folge $\{\vec{\xi}_n^{[i]}\}$ aus Λ, die in der $\mathfrak{S}(\Delta)$-Topologie gegen $\vec{\xi}_n \in \Lambda$ konvergiert. Dann gilt mit $\vec{\alpha}_n \in \Delta$ stets

$$\mathfrak{S}(\Sigma^\infty)\text{-}\lim_{i\to\infty} \overrightarrow{\alpha_n \xi_n^{[i]}} = \overrightarrow{\alpha_n \xi_n}.$$

Folglich hat man auch

$$\hat{\mathfrak{S}}(\Sigma^\infty)\text{-}\lim_{i\to\infty} \overrightarrow{\alpha_n \xi_n^{[i]}} = \overrightarrow{\alpha_n \xi_n},$$

und es existiert zu der Menge $N(\vec{\varepsilon}_n) \in \hat{\mathfrak{S}}(\Sigma^\infty)$ eine natürliche Zahl i_0 mit

$$\left|\sum_{n=1}^{\infty} \alpha_n (\xi_n^{[i]} - \xi_n)\, \lambda_n\right| \leq 1 \quad \text{für} \quad \vec{\lambda}_n \in N(\vec{\varepsilon}_n) \quad \text{und} \quad i \geq i_0.$$

Demnach gilt

$$\vec{\xi}_n^{[i]} - \vec{\xi}_n \in N(\vec{\alpha}_n)^0 \quad \text{für} \quad i \geq i_0.$$

Weil $\vec{\alpha}_n$ eine beliebige Folge aus Δ war, ist damit die Beziehung

$$\hat{\mathfrak{S}}(\Delta)\text{-}\lim_{i\to\infty} \vec{\xi}_n^{[i]} = \vec{\xi}_n$$

bewiesen.

1.11. Folgenvollständigkeit von $[\Lambda_{\mathfrak{Q}}]$

Als erstes beweisen wir

Satz 1.24. *Jede $\mathfrak{Q}$-Cauchy-Folge aus $[\Lambda_{\mathfrak{Q}}]$ ist sogar eine $\hat{\mathfrak{Q}}$-Cauchy-Folge.*

Beweis. Wenn die $\mathfrak{Q}$-Cauchy-Folge $\{\vec{\xi}_n^{[i]}\}$ aus $[\Lambda_{\mathfrak{Q}}]$ keine $\hat{\mathfrak{Q}}$-Cauchy-Folge ist, muß es eine Menge $Q \in \mathfrak{Q}$ und Folgen $\{i_k\}$ und $\{j_k\}$ von natürlichen Zahlen geben, für die mit $P = \hat{Q}$

$$\vec{\eta}_n^{[k]} = \vec{\xi}_n^{[i_k]} - \vec{\xi}_n^{[j_k]} \bar{\in} P^0 \quad \text{und} \quad i_k, j_k \geq k$$

gilt. Da für die Folge $\{\vec{\eta}_n^{[k]}\}$ die Beziehung

$$\mathfrak{Q}\text{-}\lim_{k\to\infty} \vec{\eta}_n^{[k]} = \vec{o}_n$$

besteht, ergibt sich

$$\hat{\mathfrak{Q}}\text{-}\lim_{k\to\infty} \vec{\eta}_n^{[k]} = \vec{o}_n.$$

Demnach gibt es eine natürliche Zahl k_0 mit

$$\vec{\eta}_n^{[k]} = \vec{\xi}_n^{[i_k]} - \vec{\xi}_n^{[j_k]} \in P^0 \quad \text{für} \quad k \geq k_0.$$

Nun folgt aus dem aufgetretenen Widerspruch, daß $\{\vec{\xi}_n^{[i]}\}$ doch eine $\hat{\mathfrak{Q}}$-Cauchy-Folge sein muß.

Satz 1.25. $[\Lambda_{\mathfrak{Q}}]$ *ist folgenvollständig.*

Beweis. Da jede $\mathfrak{Q}$-Cauchy-Folge $\{\vec{\xi}_n^{[i]}\}$ aus $[\Lambda_{\mathfrak{Q}}]$ nach Satz 1.24 sogar eine $\hat{\mathfrak{Q}}$-Cauchy-Folge ist, gibt es nach Satz 1.13 in Λ eine Folge $\vec{\xi}_n$ mit

$$\hat{\mathfrak{Q}}\text{-}\lim_{i\to\infty} \vec{\xi}_n^{[i]} = \vec{\xi}_n .$$

Nun folgt aber wegen $[\Lambda_{\mathfrak{Q}}] = [\Lambda_{\hat{\mathfrak{Q}}}]$ aus Satz 1.14, daß die Folge $\vec{\xi}_n$ zu $[\Lambda_{\mathfrak{Q}}]$ gehört. Demnach konvergiert die betrachtete Cauchy-Folge in der $\hat{\mathfrak{Q}}$-Topologie und somit erst recht in der $\mathfrak{Q}$-Topologie gegen die Folge $\vec{\xi}_n \in [\Lambda_{\mathfrak{Q}}]$.

Als einfache Folgerung aus Satz 1.25 erhalten wir

Satz 1.26. $[\Lambda_{\mathfrak{Q}}]$ *ist ein $\mathfrak{Q}$-folgenabgeschlossener Unterraum von Λ.*

Beweis. Jede Folge $\{\vec{\xi}_n^{[i]}\}$ aus $[\Lambda_{\mathfrak{Q}}]$, die in der $\mathfrak{Q}$-Topologie gegen eine Folge $\vec{\xi}_n \in \Lambda$ konvergiert, muß als $\mathfrak{Q}$-Cauchy-Folge von $[\Lambda_{\mathfrak{Q}}]$ auch einen Grenzwert $\vec{\eta}_n$ in $[\Lambda_{\mathfrak{Q}}]$ besitzen. Da aber der Grenzwert jeder $\mathfrak{Q}$-konvergenten Folge eindeutig bestimmt ist, gehört die Folge $\vec{\xi}_n = \vec{\eta}_n$ zu $[\Lambda_{\mathfrak{Q}}]$.

1.12. Die normalen Hüllen der $\mathfrak{Q}$-kompakten Teilmengen von Λ

Für jede $\mathfrak{Q}$-Topologie gilt

Satz 1.27. *Jede (relativ) $\mathfrak{Q}$-kompakte Teilmenge von $[\Lambda_{\mathfrak{Q}}]$ ist sogar (relativ) $\hat{\mathfrak{Q}}$-kompakt.*

Beweis. Ist K eine relativ $\mathfrak{Q}$-kompakte Teilmenge von $[\Lambda_{\mathfrak{Q}}]$, so gelten für jede komponentenweise gegen $\vec{\xi}_n$ konvergierende Folge $\{\vec{\xi}_n^{[i]}\}$ aus K die Aussagen

$$\mathfrak{Q}\text{-}\lim_{i\to\infty} \vec{\xi}_n^{[i]} = \vec{\xi}_n \quad \text{und} \quad \vec{\xi}_n \in [\Lambda_{\mathfrak{Q}}].$$

Folglich hat man auch

$$\hat{\mathfrak{Q}}\text{-}\lim_{i\to\infty} \vec{\xi}_n^{[i]} = \vec{\xi}_n ,$$

und aus Satz 1.5 ergibt sich, daß K eine relativ $\hat{\mathfrak{Q}}$-kompakte Teilmenge von $[\Lambda_{\mathfrak{Q}}]$ ist.

Nun übertragen wir den für normale Topologien gültigen Satz 1.17 auf quasinormale Topologien. Das gleiche wäre für Satz 1.18 möglich.

Satz 1.28. *Die normale Hülle jeder (relativ) $\mathfrak{Q}$-kompakten Teilmenge von $[\Lambda_{\mathfrak{Q}}]$ ist ebenfalls (relativ) $\mathfrak{Q}$-kompakt.*

Beweis. Nach Satz 1.27 ist jede (relativ) $\mathfrak{Q}$-kompakte Teilmenge K von $[\Lambda_{\mathfrak{Q}}]$ sogar (relativ) $\hat{\mathfrak{Q}}$-kompakt. Nun ergibt sich aus Satz 1.17 wegen $[\Lambda_{\mathfrak{Q}}] = [\Lambda_{\hat{\mathfrak{Q}}}]$, daß die normale Hülle $\hat{K}$ ebenfalls (relativ) $\hat{\mathfrak{Q}}$-kompakt und somit erst recht (relativ) $\mathfrak{Q}$-kompakt ist.

Die in Satz 1.28 ausgesprochene Eigenschaft der quasinormalen Topologien kann sogar zu deren Charakterisierung verwendet werden. Es gilt nämlich

Satz 1.29. *Eine $\mathfrak{M}$-Topologie ist dann und nur dann quasinormal, wenn die normale Hülle jeder $\mathfrak{M}$-kompakten Teilmenge von $[\Lambda_{\mathfrak{M}}]$ ebenfalls $\mathfrak{M}$-kompakt ist.*

Beweis. Die Notwendigkeit der angegebenen Bedingung entnimmt man aus Satz 1.28, während sich die Hinlänglichkeit folgendermaßen ergibt:

Konvergiert die Folge $\{\vec{\xi}_n^{[i]}\}$ in $[\Lambda_{\mathfrak{M}}]$ gegen $\vec{\xi}_n$, so ist

$$K = \{\vec{\xi}_n, \vec{\xi}_n^{[i]} : i = 1, 2, \ldots\}$$

eine $\mathfrak{M}$-kompakte Teilmenge von $[\Lambda_{\mathfrak{M}}]$, deren normale Hülle nach Voraussetzung ebenfalls $\mathfrak{M}$-kompakt ist. Demnach liegt die Folge $\{\vec{\xi}_n^{[i]}\}$ in einer normalen und $\mathfrak{M}$-kompakten Teilmenge von Λ, und es ergibt sich nach Satz 1.21 die Beziehung

$$\hat{\mathfrak{M}}\text{-}\lim_{i\to\infty} \vec{\xi}_n^{[i]} = \vec{\xi}_n .$$

Folglich ist die betrachtete $\mathfrak{M}$-Topologie quasinormal.

1.13. Abschnittskonvergenz in Λ

Im folgenden bezeichnen wir mit $\{\Lambda_{\mathfrak{M}}\}$ die Gesamtheit aller Folgen $\vec{\xi}_n \in \Lambda$, für die $\mathfrak{M}\text{-}\lim_{i\to\infty} \vec{\xi}_n(\leq i) = \vec{\xi}_n$ gilt.

Dann ergibt sich für quasinormale Topologien

Satz 1.30. *Es gilt* $\{\Lambda_{\mathfrak{Q}}\} = [\Lambda_{\mathfrak{Q}}]$.

Beweis. Ist $\vec{\xi}_n$ eine beliebige Folge aus $[\Lambda_{\mathfrak{Q}}]$, so gibt es zu jeder Menge $Q \in \mathfrak{Q}$ eine natürliche Zahl i_0 mit

$$\sum_{i_0+1}^{\infty} |\alpha_n \xi_n| \leq 1 \quad \text{für} \quad \vec{\alpha}_n \in Q.$$

Folglich hat man

$$\vec{\xi}_n(> i) \in Q^0 \quad \text{für} \quad i \geq i_0.$$

Damit ist die Beziehung

$$\mathfrak{Q}\text{-}\lim_{i\to\infty} \vec{\xi}_n(\leq i) = \vec{\xi}_n \quad \text{oder} \quad \vec{\xi}_n \in \{\Lambda_{\mathfrak{Q}}\}$$

bewiesen. Also gilt

$$[\Lambda_{\mathfrak{Q}}] \subset \{\Lambda_{\mathfrak{Q}}\}. \tag{1}$$

Gehört andererseits die Folge $\vec{\xi}_n$ zu $\{\Lambda_{\mathfrak{Q}}\}$, so ergibt sich aus der $\mathfrak{Q}$-Folgenabgeschlossenheit von $[\Lambda_{\mathfrak{Q}}]$ wegen $\mathfrak{Q}\text{-}\lim_{i\to\infty} \vec{\xi}_n(\leq i) = \vec{\xi}_n$ und $\vec{\xi}_n(\leq i) \in [\Lambda_{\mathfrak{Q}}]$ die

Aussage $\vec{\xi}_n \in [\Lambda_{\mathfrak{Q}}]$. Demnach gilt auch

$$\{\Lambda_{\mathfrak{Q}}\} \subset [\Lambda_{\mathfrak{Q}}]. \tag{2}$$

Abschließend ergibt sich unsere Behauptung durch Zusammenfassung von (1) und (2).

Für beliebige $\mathfrak{M}$-Topologien erhalten wir

Satz 1.31. *Es gilt* $[\Lambda_{\mathfrak{M}}] = [\Lambda_{\hat{\mathfrak{M}}}] = \{\Lambda_{\hat{\mathfrak{M}}}\} \subset \{\Lambda_{\mathfrak{M}}\}$.

Beweis. Weil die $\hat{\mathfrak{M}}$-Topologie feiner als die $\mathfrak{M}$-Topologie ist, hat man

$$\{\Lambda_{\hat{\mathfrak{M}}}\} \subset \{\Lambda_{\mathfrak{M}}\}.$$

Andererseits ergibt sich für die normale $\hat{\mathfrak{M}}$-Topologie

$$[\Lambda_{\mathfrak{M}}] = [\Lambda_{\hat{\mathfrak{M}}}] = \{\Lambda_{\hat{\mathfrak{M}}}\}.$$

1.14. $\mathfrak{M}$-separable lineare Unterräume von Λ

An erster Stelle formulieren wir

Satz 1.32. $\{\Lambda_{\mathfrak{M}}\}$ *ist ein* $\mathfrak{M}$-*folgenseparabler Unterraum von* Λ.[1])

Beweis. Wir betrachten eine beliebige Folge $\vec{\xi}_n \in \{\Lambda_{\mathfrak{M}}\}$ und bestimmen komplex-rationale Zahlen $\eta_n^{[i]}$ mit

$$|\xi_n - \eta_n^{[i]}| \leq \frac{|\xi_n|}{i} \quad \text{für} \quad n \leq i$$

und

$$\eta_n^{[i]} = 0 \quad \text{für} \quad n > i.$$

Da es zu jeder Menge $M \in \mathfrak{M}$ eine positive Zahl ϱ mit

$$\sum_1^\infty |\alpha_n \xi_n| \leq \varrho \quad \text{für} \quad \vec{\alpha}_n \in M$$

gibt, erhalten wir die Abschätzung

$$\sum_{n=1}^{i} |\alpha_n(\xi_n - \eta_n^{[i]})| \leq \frac{1}{i} \sum_{n=1}^{i} |\alpha_n \xi_n| \leq \frac{\varrho}{i} \quad \text{für} \quad \vec{\alpha}_n \in M.$$

Folglich gilt

$$\vec{\xi}_n(\leq i) - \vec{\eta}_n^{[i]} \in \frac{1}{2} M^0 \quad \text{für} \quad i \geq 2\varrho. \tag{1}$$

[1]) Der Beweis dieses Satzes wurde aus [18], Satz 3, übertragen. Vgl. auch [20], S. 417.

Andererseits existiert wegen $\mathfrak{M}\text{-}\lim\limits_{i\to\infty} \vec{\xi}_n(\leq i) = \vec{\xi}_n$ eine natürliche Zahl i_0 mit

$$\vec{\xi}_n - \vec{\xi}_n(\leq i) \in \frac{1}{2} M^0 \quad \text{für} \quad i \geq i_0. \tag{2}$$

Durch Zusammenfassung von (1) und (2) erhält man

$$\vec{\xi}_n - \vec{\eta}_n^{[i]} \in M^0 \quad \text{für} \quad i \geq i_0 + 2\varrho.$$

Weil M eine beliebige Menge aus $\mathfrak{M}$ war, ist damit die Beziehung $\mathfrak{M}\text{-}\lim\limits_{i\to\infty} \vec{\eta}_n^{[i]} = \vec{\xi}_n$ bewiesen.

Nun ergibt sich unsere Behauptung aus der Tatsache, daß die Gesamtheit derjenigen Folgen aus Φ, die nur komplex-rationale Komponenten besitzen, abzählbar ist.

Als Gegenstück zu Satz 1.32 erhalten wir

Satz 1.33. *Für jeden $\mathfrak{M}$-separablen normalen linearen Unterraum Θ von Λ gilt $\Theta \subset [\Lambda_{\mathfrak{M}}]$.*

Beweis. Wir bilden den $\mathfrak{M}$-separablen normalen linearen Unterraum $\Delta = \Theta + [\Lambda]$ und zeigen, daß jede Menge $M \in \mathfrak{M}^*$ relativ $\mathfrak{S}(\Delta)$-folgenkompakt ist.

Zu diesem Zweck betrachten wir eine in $\Delta_{\mathfrak{M}}$ dichtliegende, abzählbare Teilmenge A. Dann kann man zu jeder Folge aus M durch ein Diagonalverfahren eine Teilfolge $\{\vec{\alpha}_n^{[i]}\}$ bestimmen, so daß die Folgen $\{\langle\vec{\alpha}_n^{[i]}, \vec{\eta}_n\rangle\}$ für $\vec{\eta}_n \in A$ konvergent sind.

Ist $\vec{\xi}_n$ eine beliebige Folge aus Δ, so gibt es zu jeder positiven Zahl ϱ eine Folge $\vec{\eta}_n \in A$ mit

$$\vec{\xi}_n - \vec{\eta}_n \in \frac{1}{3} \varrho M^0.$$

Daraus folgt wegen $\vec{\alpha}_n^{[i]} \in M$

$$|\langle\vec{\alpha}_n^{[i]}, \vec{\xi}_n - \vec{\eta}_n\rangle| \leq \frac{1}{3} \varrho \quad \text{für} \quad i = 1, 2, \ldots. \tag{1}$$

Weil $\{\langle\vec{\alpha}_n^{[i]}, \vec{\eta}_n\rangle\}$ eine konvergente Folge ist, gibt es eine natürliche Zahl i_0 mit

$$|\langle\vec{\alpha}_n^{[i]} - \vec{\alpha}_n^{[j]}, \vec{\eta}_n\rangle| \leq \frac{1}{3} \varrho \quad \text{für} \quad i, j \geq i_0. \tag{2}$$

Nun erhält man aus (1) und (2) wegen der Ungleichung

$$|\langle\vec{\alpha}_n^{[i]} - \vec{\alpha}_n^{[j]}, \vec{\xi}_n\rangle| \leq |\langle\vec{\alpha}_n^{[i]} - \vec{\alpha}_n^{[j]}, \vec{\eta}_n\rangle| + |\langle\vec{\alpha}_n^{[i]}, \vec{\xi}_n - \vec{\eta}_n\rangle| + |\langle\vec{\alpha}_n^{[j]}, \vec{\xi}_n - \vec{\eta}_n\rangle|$$

die Abschätzung

$$|\langle\vec{\alpha}_n^{[i]} - \vec{\alpha}_n^{[j]}, \vec{\xi}_n\rangle| \leq \varrho \quad \text{für} \quad i, j \geq i_0.$$

Demnach ist $\{\vec{\alpha}_n^{[i]}\}$ eine $\mathfrak{S}(\Delta)$-Cauchy-Folge, zu der wegen Satz 1.25 in Λ^* eine Folge $\vec{\alpha}_n$ mit

$$\mathfrak{S}(\Delta)\text{-}\lim_{i\to\infty} \vec{\alpha}_n^{[i]} = \vec{\alpha}_n$$

existiert.

Damit haben wir gezeigt, daß M relativ $\mathfrak{S}(\Delta)$-folgenkompakt ist. Nun ergibt sich aus Satz 1.5, daß M und wegen Satz 1.28 auch $\hat{M}$ eine relativ $\mathfrak{S}(\Delta)$-kompakte Teilmenge von Λ^* sein muß. Folglich gibt es zu jeder Folge $\vec{\xi}_n \in \Delta$ eine natürliche Zahl i mit

$$\sum_{i+1}^{\infty} |\alpha_n \xi_n| \leq 1 \quad \text{für} \quad \vec{\alpha}_n \in M.$$

Demnach gehört die Folge $\vec{\xi}_n$ zu $[\Lambda_{\mathfrak{M}}]$, und unsere Behauptung ist bewiesen.

Durch Zusammenfassung von Satz 1.32 und Satz 1.33 ergibt sich abschließend

Satz 1.34. *$[\Lambda_{\mathfrak{M}}]$ ist der größte $\mathfrak{M}$-(folgen-)separable normale lineare Unterraum von Λ.*

1.15. Lokalkonvexe $\mathfrak{M}^*$-Topologien von Λ^*[1])

Jedem topologisierenden System $\mathfrak{M}$ von Λ ordnen wir die Gesamtheit $\mathfrak{M}^*$ aller Teilmengen von Λ zu, deren normale Hülle relativ $\mathfrak{M}$-kompakt ist. Da aus der Definition von $[\Lambda_{\mathfrak{M}}]$ folgt, daß alle Mengen $N(\vec{\xi}_n)$ mit $\vec{\xi}_n \in [\Lambda_{\mathfrak{M}}]$ zu $\mathfrak{M}^*$ gehören, erkennt man, daß $\mathfrak{M}^*$ ein normales topologisierendes System von Λ ist. Wir wollen $\mathfrak{M}^*$ als das zu $\mathfrak{M}$ *duale topologisierende System* bezeichnen.

Es sei bemerkt, daß für zwei topologisierende Systeme $\mathfrak{M}_1$ und $\mathfrak{M}_2$ von Λ aus $\mathfrak{M}_1 \subset \mathfrak{M}_2$ stets $\mathfrak{M}_2^* \subset \mathfrak{M}_1^*$ folgt.

Die folgende Charakterisierung der zu $\mathfrak{M}^*$ gehörigen Teilmengen von Λ ist identisch mit Satz 1.6.

Satz 1.35. *Eine beschränkte Teilmenge N von Λ gehört dann und nur dann zu $\mathfrak{M}^*$, wenn es zu jeder Menge $M \in \mathfrak{M}$ eine natürliche Zahl i mit*

$$\sum_{i+1}^{\infty} |\alpha_n \xi_n| \leq 1 \quad \textit{für} \quad \vec{\alpha}_n \in M \quad \textit{und} \quad \vec{\xi}_n \in N \tag{*}$$

gibt.

Aus der Symmetrie der Bedingung (*) folgt, daß jede Menge $M \in \mathfrak{M}$ zu $\mathfrak{M}^{**}$ gehört.

Satz 1.36. *Es gilt* $\mathfrak{M} \subset \hat{\mathfrak{M}} \subset \mathfrak{M}^{**}$.

Für $\mathfrak{M}^{***}$ erhalten wir sogar

Satz 1.37. *Es gilt* $\mathfrak{M}^* = \hat{\mathfrak{M}}^* = \mathfrak{M}^{***}$.

---

[1]) Die in diesem Abschnitt betrachteten dualen Topologien fallen nicht mit den polaren Topologien zusammen. Vgl. [20], S. 268.

Beweis. Aus $\mathfrak{M} \subset \hat{\mathfrak{M}} \subset \mathfrak{M}^{**}$ folgt $\mathfrak{M}^{***} \subset \hat{\mathfrak{M}}^* \subset \mathfrak{M}^*$. Andererseits gilt $\mathfrak{M}^* \subset (\mathfrak{M}^*)^{**}$.

Als einfache Folgerung aus Satz 1.37 ergibt sich

Satz 1.38. *Jede normale (relativ) $\mathfrak{M}$-kompakte Teilmenge von Λ ist sogar (relativ) $\mathfrak{M}^{**}$-kompakt.*[1])

Beweis. Da jede normale relativ $\mathfrak{M}$-kompakte Teilmenge K von Λ in $\mathfrak{M}^*$ liegt, hat man auch $K \subset \mathfrak{M}^{***}$. Folglich ist K relativ $\mathfrak{M}^{**}$-kompakt.

Nun entnimmt man unmittelbar aus der Definition von $[\Lambda_{\mathfrak{M}}]$

Satz 1.39. *Es gilt* $[\Lambda_{\mathfrak{M}}] = [\Lambda_{\mathfrak{M}^{**}}]$.[2])

In Analogie zur Definition der vollkommenen Folgenräume wollen wir ein topologisierendes System $\mathfrak{T}$ von Λ *vollkommen* nennen, wenn die Beziehung $\mathfrak{T} = \mathfrak{T}^{**}$ gilt. Jedes vollkommene topologisierende System ist normal. Ist $\mathfrak{M}$ ein beliebiges topologisierendes System, so ist $\mathfrak{M}^*$ vollkommen. Außerdem sieht man, daß $\mathfrak{M}^{**}$ das kleinste vollkommene topologisierende System ist, das $\mathfrak{M}$ enthält.

Weil das topologisierende System $\mathfrak{S}(\Delta)$ für jeden normalen linearen Unterraum Δ von Λ^* mit $[\Lambda^*] \subset \Delta$ quasinormal ist, gilt

Satz 1.40. *$\mathfrak{S}(\Delta)^*$ besteht aus allen relativ $\mathfrak{S}(\Delta)$-kompakten Teilmengen von Λ.*

Außerdem hat man

Satz 1.41. *$\mathfrak{S}(\Delta)^*$ ist das größte (vollkommene) topologisierende System von Λ mit $\Delta \subset [\Lambda_{\mathfrak{S}(\Delta)^*}]$.*

Beweis. Nach Satz 1.36 ist $N(\vec{\alpha}_n)$ für $\vec{\alpha}_n \in \Delta$ eine $\mathfrak{S}(\Delta)^*$-kompakte Teilmenge von Λ^*. Demnach gilt $\Delta \subset [\Lambda_{\mathfrak{S}(\Delta)^*}]$.

Ist andererseits $\mathfrak{M}$ ein beliebiges topologisierendes System von Λ mit $\Delta \subset [\Lambda_{\mathfrak{M}}]$, so gehört $N(\vec{\alpha}_n)$ für $\vec{\alpha}_n \in \Delta$ zu $\mathfrak{M}^*$. Also hat man $\hat{\mathfrak{S}}(\Delta) \subset \mathfrak{M}^*$. Daraus folgt aber $\mathfrak{M} \subset \mathfrak{M}^{**} \subset \mathfrak{S}(\Delta)^*$.

Für das biduale topologisierende System $\mathfrak{S}(\Delta)^{**}$ ergibt sich aus unseren Bemerkungen über vollkommene topologisierende Systeme

Satz 1.42. *$\mathfrak{S}(\Delta)^{**}$ ist das kleinste vollkommene topologisierende System von Λ, das Δ überdeckt.*

Offenbar ist die Gesamtheit $\mathfrak{B}(\Lambda^*)$ aller beschränkten Teilmengen von Λ^* das größte topologisierende System von Λ. Da andererseits $\mathfrak{B}(\Lambda^*) \subset \mathfrak{B}(\Lambda^*)^{**}$ gilt, ergibt sich

Satz 1.43. *$\mathfrak{B}(\Lambda^*)$ ist das größte vollkommene topologisierende System von Λ.*

Aus Satz 1.43 folgt für $\mathfrak{C}(\Lambda^*) = \mathfrak{B}(\Lambda)^*$ unmittelbar

Satz 1.44. *$\mathfrak{C}(\Lambda^*)$ ist das kleinste vollkommene topologisierende System von Λ.*

---

[1]) Vgl. Satz 1.19.
[2]) Vgl. Satz 1.20.

Schließlich erhalten wir mit $\mathfrak{S}_0(\Lambda^*) = \mathfrak{S}([\Lambda^*])$

Satz 1.45. *Es gilt* $\mathfrak{B}(\Lambda^*) = \mathfrak{S}_0(\Lambda)^*$.

Beweis. Da aus $[\Lambda] \subset [\Lambda_{\mathfrak{B}(\Lambda^*)}]$ die Beziehung $\mathfrak{S}_0(\Lambda) \subset \mathfrak{B}(\Lambda^*)^*$ folgt, hat man $\mathfrak{B}(\Lambda^*) \subset \mathfrak{S}_0(\Lambda)^*$.

Wenn man noch die wichtigen vollkommenen topologisierenden Systeme $\mathfrak{R}(\Lambda^*) = \mathfrak{S}(\Lambda)^*$ und $\mathfrak{G}(\Lambda^*) = \mathfrak{S}(\Lambda^*)^{**}$ einführt, ergeben sich die folgenden Beziehungen.[1])

Satz 1.46. *Es gilt*

$$\mathfrak{S}_0(\Lambda^*) \begin{matrix} \subset \hat{\mathfrak{S}}_0(\Lambda^*) \subset \mathfrak{C}(\Lambda^*) \\ \subset \mathfrak{S}(\Lambda^*) \subset \hat{\mathfrak{S}}(\Lambda^*) \end{matrix} \subset \mathfrak{G}(\Lambda^*) \subset \mathfrak{R}(\Lambda^*) \subset \mathfrak{B}(\Lambda^*).$$

1.16. Darstellung von $[\Lambda_{\mathfrak{M}}]$ als topologischer Dual von $[\Lambda^*_{\mathfrak{M}^*}]$

Wir beginnen unsere Untersuchungen mit

Satz 1.47. *Jede stetige Linearform* $\mathfrak{x} \in [\Lambda^*_{\mathfrak{M}^*}]'$ *kann auf eindeutige Weise in der Form*

$$\langle \vec{\alpha}_n, \mathfrak{x} \rangle = \sum_1^\infty \alpha_l \xi_l \quad \textit{mit} \quad \vec{\xi}_l \in [\Lambda_{\mathfrak{M}}]$$

dargestellt werden.

Beweis. Falls eine Linearform $\mathfrak{x}$ die Form

$$\langle \vec{\alpha}_n, \mathfrak{x} \rangle = \sum_1^\infty \alpha_l \xi_l$$

hat, ergibt sich

$$\langle \vec{\varepsilon}_n(h), \mathfrak{x} \rangle = \xi_h.$$

Die Folge $\vec{\xi}_l$ ist demnach durch $\mathfrak{x}$ eindeutig bestimmt. Wir bilden deshalb für jede stetige Linearform $\mathfrak{x} \in [\Lambda^*_{\mathfrak{M}^*}]'$ die Folge $\vec{\xi}_l$ mit $\xi_l = \langle \vec{\varepsilon}_n(l), \mathfrak{x} \rangle$. Dann gilt wegen Satz 1.31 für alle $\vec{\alpha}_n \in [\Lambda^*_{\mathfrak{M}^*}]$ die Beziehung

$$\langle \vec{\alpha}_n, \mathfrak{x} \rangle = \lim_{i\to\infty} \langle \vec{\alpha}_n(\leq i), \mathfrak{x} \rangle = \lim_{i\to\infty} \sum_{l=1}^{i} \alpha_l \langle \vec{\varepsilon}_n(l), \mathfrak{x} \rangle = \sum_1^\infty \alpha_l \xi_l.$$

Weil $\mathfrak{x}$ eine stetige Linearform auf $[\Lambda^*_{\mathfrak{M}^*}]$ ist, existiert eine Menge $N \in \mathfrak{M}^*$, so daß

$$\left| \sum_1^\infty \alpha_l \xi_l \right| \leq 1 \quad \text{für} \quad \vec{\alpha}_l \in N^0 \cap [\Lambda^*_{\mathfrak{M}^*}]$$

---

[1]) Das topologisierende System $\mathfrak{R}(\Lambda^*)$ erzeugt auf Λ die Mackey-Topologie.

gilt. Wegen $N \in \mathfrak{M}^*$ gibt es zu jeder Menge $M \in \mathfrak{M}$ eine natürliche Zahl i mit

$$\sum_{i+1}^{\infty} |\alpha_l \eta_l| \leq 1 \quad \text{für} \quad \vec{\alpha}_l \in M \quad \text{und} \quad \vec{\eta}_l \in N.$$

Wir bestimmen nun zu jeder Folge $\vec{\alpha}_l \in M$ eine Folge $\vec{\lambda}_l$ mit $|\lambda_l| = 1$ und $\lambda_l \alpha_l \xi_l = |\alpha_l \xi_l|$. Dann hat man

$$\overrightarrow{\lambda_l \alpha_l}(> i) \in N^0 \cap [\Lambda^*_{\mathfrak{M}^*}].$$

Folglich gilt die Ungleichung

$$\sum_{i+1}^{\infty} |\alpha_l \xi_l| \leq 1 \quad \text{für} \quad \vec{\alpha}_l \in M. \tag{**}$$

Nun ergibt sich aus Satz 1.8, daß die Folge $\vec{\xi}_l$ zu $[\Lambda_{\mathfrak{M}}]$ gehört.

Als Gegenstück zu Satz 1.47 formulieren wir

Satz 1.48. *Jeder Folge* $\vec{\xi}_l \in [\Lambda_{\mathfrak{M}}]$ *wird durch den Ansatz*

$$\langle \vec{\alpha}_n, \mathfrak{x} \rangle = \sum_{1}^{\infty} \alpha_l \xi_l$$

eine stetige Linearform $\mathfrak{x}$ *auf* $[\Lambda^*_{\mathfrak{M}^*}]$ *zugeordnet.*

Beweis. Für jede Folge $\vec{\xi}_l \in [\Lambda_{\mathfrak{M}}]$ gehört $N(\vec{\xi}_l)$ zu $\mathfrak{M}^*$. Da außerdem für $\vec{\alpha}_l \in N(\vec{\xi}_l)^0 \cap [\Lambda^*_{\mathfrak{M}^*}]$ stets $|\sum_{1}^{\infty} \alpha_l \xi_l| \leq 1$ gilt, ist die Linearform $\mathfrak{x}$ stetig.

Durch Zusammenfassung von Satz 1.47 und Satz 1.48 erhalten wir

Satz 1.49. *Durch die Zuordnung* $\mathfrak{x} \longleftrightarrow \vec{\xi}_l$ *wird eine eineindeutige lineare Beziehung zwischen* $[\Lambda^*_{\mathfrak{M}^*}]'$ *und* $[\Lambda_{\mathfrak{M}}]$ *gegeben.*

Abschließend bemerken wir, daß die Verhältnisse für ein vollkommenes topologisierendes System $\mathfrak{T}$ von Λ besonders einfach liegen, weil dann die Folgenräume $[\Lambda_{\mathfrak{T}}]$ und $[\Lambda^*_{\mathfrak{T}^*}]$ zueinander topologisch dual sind.

1.17. Gegenbeispiele

Unsere Untersuchungen haben gezeigt, daß sich die quasinormalen Topologien annähernd wie normale Topologien verhalten. Wir wollen nun durch ein Beispiel nachweisen, daß es auch $\mathfrak{M}$-Topologien gibt, die von völlig anderer Natur sind. Zu diesem Zweck betrachten wir dasjenige topologisierende System $\mathfrak{R}$ von Σ^∞, das aus allen beschränkten Teilmengen R von Σ^1 besteht, zu denen es eine positive Nullfolge $\vec{\varrho}_i$ mit $|\sum_{i}^{\infty} \mu_n| \leq \varrho_i$ für $\vec{\mu}_n \in R$ und $i = 1, 2, \ldots$ gibt.

Sind $\{k_r\}$ und $\{l_r\}$ zwei Folgen von natürlichen Zahlen, für die $k_r < l_r < k_{r+1}$ gilt, und setzt man

$$\mu_n^{[j]} = \begin{cases} 0 & \text{für} \quad n \neq k_1, l_1, \ldots, k_j, l_j, \\ \frac{1}{j} & \text{für} \quad n = k_r \text{ mit } r = 1, \ldots, j, \\ -\frac{1}{j} & \text{für} \quad n = l_r \text{ mit } r = 1, \ldots, j, \end{cases}$$

so folgt aus den Beziehungen

$$\sum_{n=1}^{\infty} |\mu_n^{[j]}| = 2 \qquad \text{für} \qquad j = 1, 2, \ldots$$

und

$$\left| \sum_{n=i}^{\infty} \mu_n^{[j]} \right| = \begin{cases} \frac{1}{j} & \text{für} \quad k_r < i \leq l_r \text{ mit } r \leq j, \\ 0 & \text{in allen anderen Fällen,} \end{cases}$$

daß die Menge $R(k_r, l_r) = \{\vec{\mu}_n^{[j]} : j = 1, 2, \ldots\}$ zu $\mathfrak{R}$ gehört.

Nach diesen Vorbemerkungen ergibt sich

Satz 1.50. *$\{\Sigma_{\mathfrak{R}}^{\infty}\}$ besteht aus allen konvergenten Folgen.*

Beweis. Ist $\vec{\lambda}_n$ eine beliebige konvergente Folge, so kann sie in der Form

$$\vec{\lambda}_n = \lambda \vec{\varepsilon}_n + \vec{\gamma}_n \qquad \text{mit} \qquad \lambda = \lim_{n \to \infty} \lambda_n \qquad \text{und} \qquad \vec{\gamma}_n \in \Gamma$$

dargestellt werden.

Wir beweisen nun die Aussage $\vec{\varepsilon}_n \in \{\Sigma_{\mathfrak{R}}^{\infty}\}$. Zu diesem Zweck betrachten wir eine beliebige Menge $R \in \mathfrak{R}$, zu der es nach Voraussetzung eine positive Nullfolge $\vec{\varrho}_i$ gibt, so daß $\left| \sum_{i}^{\infty} \mu_n \right| \leq \varrho_i$ für $\vec{\mu}_n \in R$ und $i = 1, 2, \ldots$ gilt. Dann ergibt sich

$$|\langle \vec{\varepsilon}_n (> i), \vec{\mu}_n \rangle| = \left| \sum_{i+1}^{\infty} \mu_n \right| \leq \varrho_{i+1} \qquad \text{für} \qquad \vec{\mu}_n \in R.$$

Hat man $\varrho_i \leq 1$ für $i \geq i_0$, so erhält man

$$\vec{\varepsilon}_n (> i) \in R^0 \qquad \text{für} \qquad i \geq i_0.$$

Folglich gilt $\mathfrak{R}\text{-}\lim_{i \to \infty} \vec{\varepsilon}_n (> i) = \vec{o}_n$ oder $\vec{\varepsilon}_n \in \{\Sigma_{\mathfrak{R}}^{\infty}\}$.

Da nach Satz 1.11 jede Nullfolge zu $\{\Sigma_{\mathfrak{R}}^{\infty}\}$ gehört, muß somit auch $\vec{\lambda}_n = \lambda \vec{\varepsilon}_n + \vec{\gamma}_n$ in $\{\Sigma_{\mathfrak{R}}^{\infty}\}$ liegen. Demnach gehört jede konvergente Folge zu $\{\Sigma_{\mathfrak{R}}^{\infty}\}$.

Wir betrachten eine Folge $\vec{\lambda}_n \in \{\Sigma_{\mathfrak{R}}^{\infty}\}$, von der wir annehmen wollen, daß sie zwei verschiedene Häufungspunkte λ und λ' besitzt. Nun bestimmen wir zwei

Folgen von natürlichen Zahlen mit $k_r < l_r < k_{r+1}$, so daß die Beziehungen

$$|\lambda - \lambda_{k_r}| \leq \frac{1}{2^{r+1}} \quad \text{und} \quad |\lambda' - \lambda_{l_r}| \leq \frac{1}{2^{r+1}} \quad \text{für} \quad r = 1, 2, \ldots \tag{1}$$

gelten. Aus (1) ergibt sich

$$|(\lambda_{k_r} - \lambda_{l_r}) - (\lambda - \lambda')| \leq \frac{1}{2^r} \quad \text{für} \quad r = 1,2,\ldots, \tag{2}$$

und wir erhalten für $j \geq s$

$$\left| \sum_{r=s}^{r=j} (\lambda_{k_r} - \lambda_{l_r}) - (\lambda - \lambda')(j - s + 1) \right| \leq 1. \tag{3}$$

Nun folgt für $j \geq s$ aus der Identität[1])

$$\sum_{n=k_s}^{\infty} \lambda_n \mu_n^{[j]} = \frac{1}{j} \sum_{r=s}^{r=j} (\lambda_{k_r} - \lambda_{l_r}) \tag{4}$$

die Ungleichung

$$\left| \sum_{n=k_s}^{\infty} \lambda_n \mu_n^{[j]} - (\lambda - \lambda') \frac{j - s + 1}{j} \right| \leq \frac{1}{j}. \tag{5}$$

Demnach gilt

$$\lim_{j\to\infty} \sum_{n=k_s}^{\infty} \lambda_n \mu_n^{[j]} = (\lambda - \lambda'). \tag{6}$$

Andererseits gibt es wegen $\mathfrak{R}\text{-}\lim_{i\to\infty} \vec{\lambda}_n(> i) = \vec{o}_n$ eine natürliche Zahl i_0 mit

$$\vec{\lambda}_n(> i) \in \frac{1}{2} |\lambda - \lambda'| R(k_r, l_r)^0 \quad \text{für} \quad i \geq i_0. \tag{7}$$

Aus (7) erhält man aber für $j = 1,2,\ldots$ und $i \geq i_0$ die Ungleichungen

$$\left| \sum_{i+1}^{\infty} \lambda_n \mu_n^{[j]} \right| \leq \frac{1}{2} |\lambda - \lambda'|. \tag{8}$$

Setzt man $i + 1 = k_s$ mit $k_s > i_0$, so ergibt sich aus (8) durch Grenzübergang

$$\left| \lim_{j\to\infty} \sum_{n=k_s}^{\infty} \mu_n \lambda_n^{[j]} \right| \leq \frac{1}{2} |\lambda - \lambda'|. \tag{9}$$

Da die Beziehungen (6) und (9) zueinander im Widerspruch stehen, muß unsere ursprüngliche Annahme, daß die beschränkte Folge $\vec{\lambda}_n$ zwei verschiedene Häu-

[1]) Die Definition der Folgen $\vec{\mu}_n^{[j]}$ befindet sich auf Seite 26.

fungspunkte besitzt, falsch sein. Daraus folgt aber, daß $\vec{\lambda}_n$ eine konvergente Folge ist.

Satz 1.51. $[\Sigma_{\mathfrak{R}}^{\infty}]$ *besteht aus allen Nullfolgen.*

Beweis. Wenn die Folge $\vec{\varepsilon}_n$ in $[\Sigma_{\mathfrak{R}}^{\infty}]$ liegen würde, müßte es zu $R(2r-1,2r) \in \mathfrak{R}$ eine natürliche Zahl i mit

$$\sum_{2i+1}^{\infty} |\varepsilon_n \mu_n| \leq 1 \quad \text{für} \quad \vec{\mu}_n \in R(2r-1,2r)$$

geben. Andererseits gilt aber für $\vec{\mu}_n^{[j]} \in R(2r-1,2r)$ mit $j = 3i$ die Beziehung

$$\sum_{2i+1}^{\infty} |\varepsilon_n \mu_n^{[j]}| = 2\,\frac{j-i}{j} = \frac{4}{3}.$$

Folglich gehört die Folge $\vec{\varepsilon}_n$ nicht zu $[\Sigma_{\mathfrak{R}}^{\infty}]$.

Nach Satz 1.31 und Satz 1.50 ist jede Folge $\vec{\lambda}_n$ aus $[\Sigma_{\mathfrak{R}}^{\infty}]$ konvergent. Stellt man $\vec{\lambda}_n$ in der Form

$$\vec{\lambda}_n = \lambda\vec{\varepsilon}_n + \vec{\gamma}_n \quad \text{mit} \quad \lambda = \lim_{n\to\infty} \lambda_n \quad \text{und} \quad \vec{\gamma}_n \in \Gamma$$

dar, so ergibt sich wegen $\vec{\gamma}_n \in [\Sigma_{\mathfrak{R}}^{\infty}]$, die Aussage $\lambda\vec{\varepsilon}_n \in [\Sigma_{\mathfrak{R}}^{\infty}]$. Das ist aber nur für $\lambda = 0$ möglich. Demnach hat man $[\Sigma_{\mathfrak{R}}^{\infty}] \subset \Gamma$.

Wir zeigen nun an einem Beispiel, daß ein vollkommener Folgenraum nicht für jede $\mathfrak{M}$-Topologie vollständig oder auch nur folgenvollständig ist. Zu diesem Zweck betrachten wir dasjenige topologisierende System $\mathfrak{D}$ von Σ^1, dessen Mengen aus jeweils endlich vielen konvergenten Folgen bestehen.

Satz 1.52. Σ^1 *ist nicht* $\mathfrak{D}$-*(folgen-)vollständig.*

Beweis. Wir bestimmen zu jeder konvergenten Folge $\vec{\lambda}_n$ eine natürliche Zahl i_0 mit

$$|\lambda_i - \lambda_j| \leq 1 \quad \text{für} \quad i,j \geq i_0.$$

Dann ergibt sich

$$|\langle \vec{\varepsilon}_n(i) - \vec{\varepsilon}_n(j), \vec{\lambda}_n\rangle| = |\lambda_i - \lambda_j| \leq 1 \quad \text{für} \quad i,j \geq i_0.$$

Damit haben wir gezeigt, daß $\{\vec{\varepsilon}_n(i)\}$ eine $\mathfrak{D}$-Cauchy-Folge in Σ^1 ist. Wegen der komponentenweisen Konvergenz könnte diese Folge in Σ^1 höchstens gegen $\vec{o}_n$ konvergieren. Aber gerade das ist wegen

$$\langle \vec{\varepsilon}_n(i), \vec{\varepsilon}_n\rangle = 1 \quad \text{für} \quad i = 1,2,\ldots$$

unmöglich. Folglich besitzt die $\mathfrak{D}$-Cauchy-Folge $\{\vec{\varepsilon}_n(i)\}$ in Σ^1 keinen Grenzwert.

KAPITEL II

VERALLGEMEINERTE VOLLKOMMENE FOLGENRÄUME

Ausgehend von einem gewöhnlichen vollkommenen Folgenraum Λ und einem beliebigen lokalkonvexen Raum E wird der verallgemeinerte vollkommene Folgenraum $\Lambda(E)$ gebildet, der aus allen Folgen $\vec{x}_n$ mit $x_n \in E$ besteht, für die mit $a \in E'$ stets $\overrightarrow{\langle x_n, a\rangle} \in \Lambda$ gilt.

Auch auf $\Lambda(E)$ läßt sich aus jedem topologisierenden System $\mathfrak{M}$ eine lokalkonvexe $\mathfrak{M}$-Topologie erzeugen. Insgesamt gesehen zeigt sich, daß ein großer Teil der für gewöhnliche vollkommene Folgenräume gültigen Aussagen auch für verallgemeinerte vollkommene Folgenräume bewiesen werden kann. Die dabei verwendeten Methoden sind naturgemäß etwas komplizierter.

Die ersten Abweichungen von der Theorie der gewöhnlichen vollkommenen Folgenräume treten bei der Betrachtung der Räume $[\Lambda(E)_{\mathfrak{M}}]$ auf. Für zwei topologisierende Systeme $\mathfrak{M}_1$ und $\mathfrak{M}_2$ gilt nämlich mit beliebigem E dann und nur dann die Beziehung $[\Lambda(E)_{\mathfrak{M}_1}] = [\Lambda(E)_{\mathfrak{M}_2}]$, wenn die beiden topologisierenden Systeme $\mathfrak{M}_1^{**}$ und $\mathfrak{M}_2^{**}$ zusammenfallen.

Die Bedeutung des verallgemeinerten vollkommenen Folgenraumes $\Lambda(E)$ liegt darin, daß die Gesamtheit $\mathbf{L}([\Lambda^*_{\mathfrak{M}^*}], E)$ der stetigen linearen Abbildungen von $[\Lambda^*_{\mathfrak{M}^*}]$ in E mit dem Raum $[\Lambda(E)_{\mathfrak{M}}]$ identifiziert werden kann.[1]) Diese Zuordnung wird durch die Beziehungen

$$X(\vec{\alpha}_n) = \sum_1^\infty \alpha_n x_n \quad \text{für} \quad \vec{x}_n \in [\Lambda(E)_{\mathfrak{M}}]$$

und

$$x_n = X(\vec{\varepsilon}_l(n)) \quad \text{für} \quad X \in \mathbf{L}([\Lambda^*_{\mathfrak{M}^*}], E)$$

geliefert.

Wenn man auf $\mathbf{L}([\Lambda^*_{\mathfrak{M}^*}], E)$ die Topologie der gleichmäßigen Konvergenz auf den Mengen $M \in \mathfrak{M}$ einführt, so ergibt sich, daß die lokalkonvexen Räume $\mathbf{L}_{\mathfrak{M}}([\Lambda^*_{\mathfrak{M}^*}], E)$ und $[\Lambda(E)_{\mathfrak{M}}]$ algebraisch und topologisch isomorph sind. Folglich kann man sagen, daß die Theorie der verallgemeinerten vollkommenen Folgenräume nichts anderes ist als eine Theorie der stetigen linearen Transformationen, die einen gewöhnlichen vollkommenen Folgenraum in einen lokalkonvexen Raum abbilden.

In den beiden letzten Abschnitten dieses Kapitels werden die Beziehungen zu der Schwartzschen Theorie der ε-Produkte und zu der Grothendieckschen Theorie der topologischen Tensorprodukte von zwei lokalkonvexen Räumen hergestellt.

---

[1]) Dabei muß E als folgenvollständig vorausgesetzt werden.

2.1. Folgenräume über einem lokalkonvexen Raum

Im folgenden sei E stets ein komplexer separierter lokalkonvexer Raum. Mit $\vec{x}_n$ bezeichnen wir die aus den Elementen $x_n \in E\,(n = 1, 2, \ldots)$ gebildete Folge. Das Element x_n heißt *n-te Komponente* von $\vec{x}_n$.

Ist $\vec{x}_n$ eine beliebige Folge und $\mathfrak{i}$ eine Menge von natürlichen Zahlen, so soll die Folge $\vec{x}_n(\mathfrak{i})$ die Komponenten $x_n(\mathfrak{i}) = \begin{Bmatrix} 0 & \text{für } n \bar{\in} \mathfrak{i} \\ x_n & \text{für } n \in \mathfrak{i} \end{Bmatrix}$ haben. Hat $\mathfrak{i}$ die spezielle Form

$$\mathfrak{i} = \{n : n = i\} \quad \text{bzw.} \quad \mathfrak{i} = \{n : n \leq i\} \quad \text{bzw.} \quad \mathfrak{i} = \{n : n > i\},$$

so verwenden wir für $\vec{x}_n(\mathfrak{i})$ die Bezeichnung $\vec{x}_n(i)$ bzw. $\vec{x}_n(\leq i)$ bzw. $\vec{x}_n(> i)$. Die Folge $\vec{x}_n(\leq i)$ wird *i-ter Abschnitt* von $\vec{x}_n$ genannt.

Eine aus Folgen $\vec{x}_n$ mit $x_n \in E$ bestehende Menge N heißt *normal*, wenn für jede komplexe Zahlenfolge $\vec{\lambda}_n$ mit $|\lambda_n| \leq 1$ aus $\vec{x}_n \in \mathsf{N}$ stets $\overrightarrow{\lambda_n x_n} \in \mathsf{N}$ folgt. Ist E der Körper der komplexen Zahlen, so ergibt sich der bisher übliche Begriff der normalen Menge. Durchschnitt und Vereinigung von normalen Mengen sind normal. Als *normale Hülle* $\hat{\mathsf{M}}$ einer Menge M bezeichnet man die kleinste normale Menge, die M enthält. Wenn man $\mathsf{N}(\vec{x}_n) = \{\overrightarrow{\lambda_n x_n} : |\lambda_n| \leq 1\}$ setzt, so ergibt sich die normale Hülle von M als Vereinigung der Mengen $\mathsf{N}(\vec{x}_n)$ mit $\vec{x}_n \in \mathsf{M}$.

Ein *Folgenraum über E* ist eine Menge von Folgen $\vec{x}_n$ mit $x_n \in E$, die bezüglich der Operationen $\vec{x}_n + \vec{y}_n = \overrightarrow{x_n + y_n}$ und $\lambda \vec{x}_n = \overrightarrow{\lambda x_n}$ einen linearen Raum bildet.

2.2. Der Folgenraum $\Lambda(E)$

Wir wollen sagen, daß die Folge $\vec{x}_n$ mit $x_n \in E$ *skalar in dem vollkommenen Folgenraum Λ liegt*, wenn für jede stetige Linearform $a \in E'$ die Folge $\overrightarrow{\langle x_n, a\rangle}$ zu Λ gehört. Die Gesamtheit aller skalar in Λ liegenden Folgen von Elementen aus E bezeichnen wir mit $\Lambda(E)$. Man erkennt sofort, daß $\Lambda(E)$ ein normaler Folgenraum über E ist.

Im weiteren benötigen wir den folgenden

Hilfssatz. *Für jede Folge $\vec{x}_n \in \Lambda(E)$ und jede beschränkte Teilmenge B von Λ^* ist*

$$W(\vec{x}_n, B) = \left\{ a : a \in E' \quad \text{mit} \quad \sum_1^\infty |\alpha_n \langle x_n, a\rangle| \leq 1 \quad \text{für} \quad \vec{\alpha}_n \in B \right\}$$

eine absolutkonvexe, $\mathfrak{S}(E)$-abgeschlossene und absorbierende Teilmenge von E'.

Beweis.

1. Unmittelbar aus der Definition kann man ablesen, daß $W(\vec{x}_n, B)$ absolutkonvex ist.

2. Wenn $\{a^{[\nu]}\}$ eine verallgemeinerte Folge aus $W(\vec{x}_n, B)$ ist, die in $E'_{\mathfrak{S}(E)}$ gegen a konvergiert, so ergibt sich aus den Beziehungen

$$\lim \langle x_n, a^{[\nu]}\rangle = \langle x_n, a\rangle \quad \text{für} \quad n = 1, 2, \ldots$$

und

$$\sum_1^\infty |\alpha_n \langle x_n, a^{[\nu]}\rangle| \leq 1 \quad \text{für} \quad \vec{\alpha}_n \in B$$

durch Grenzübergang die Ungleichung

$$\sum_1^\infty |\alpha_n \langle x_n, a\rangle| \leq 1 \quad \text{für} \quad \vec{\alpha}_n \in B.$$

Demnach gehört auch der Grenzwert a zu $W(\vec{x}_n, B)$.

3. Weil B eine beschränkte Teilmenge von Λ^* ist, gibt es zu jedem $a \in E'$ eine positive Zahl ϱ mit

$$\sum_1^\infty |\alpha_n \langle x_n, a\rangle| \leq \varrho \quad \text{für} \quad \vec{\alpha}_n \in B.$$

Folglich gilt $a \in \varrho W(\vec{x}_n, B)$, und wir haben gezeigt, daß $W(\vec{x}_n, B)$ absorbierend ist.

Nun formulieren wir eine wichtige Eigenschaft der zu $\Lambda(E)$ gehörigen Folgen.

Hilfssatz. *Ist $\vec{x}_n$ eine beliebige Folge aus $\Lambda(E)$, so gibt es zu jeder beschränkten Teilmenge B von Λ^* und jeder Nullumgebung U von E eine positive Zahl ϱ mit*

$$\sum_1^\infty |\alpha_n \langle x_n, a\rangle| \leq \varrho \quad \textit{für} \quad \vec{\alpha}_n \in B \quad \textit{und} \quad a \in U^0.$$

Beweis. Wie wir in dem vorangehenden Hilfssatz bewiesen haben, ist $W(\vec{x}_n, B)$ eine absolutkonvexe, $\mathfrak{S}(E)$-abgeschlossene und absorbierende Teilmenge von E'. Folglich gibt es zu der $\mathfrak{S}(E)$-kompakten Menge U^0 eine positive Zahl ϱ mit

$$U^0 \in \varrho W(\vec{x}_n, B).^{1)}$$

Aus dieser Beziehung folgt aber auf Grund der Definition von $W(\vec{x}_n, B)$ die behauptete Abschätzung.

2.3. Lokalkonvexe $\mathfrak{M}$-Topologien von $\Lambda(E)$

Ist $\mathfrak{M}$ ein beliebiges topologisierendes System von Λ, so bilden wir für jede Menge $M \in \mathfrak{M}$ und jede Nullumgebung U von E die absolutkonvexe Menge

$$(M, U) = \{\vec{x}_n : \vec{x}_n \in \Lambda(E) \text{ mit } \overrightarrow{\langle x_n, a\rangle} \in M^0 \text{ für } a \in U^0\}.$$

[1] Vgl. [5], Chap. III, Lemma 1, S. 21, oder [20], S. 254 (Satz von BANACH-MACKEY).

Da es nach dem im vorigen Abschnitt bewiesenen Hilfssatz zu jeder Folge $\vec{x}_n \in \Lambda(E)$ eine positive Zahl ϱ mit

$$\sum_1^\infty |\alpha_n \langle x_n, a\rangle| \leqq \varrho \quad \text{für} \quad \vec{\alpha}_n \in M \quad \text{und} \quad a \in U^0$$

gibt, hat man $\vec{x}_n \in \varrho(M, U)$. Damit haben wir gezeigt, daß (M, U) eine absorbierende Teilmenge von $\Lambda(E)$ ist.

Nun ergibt sich, daß die Gesamtheit aller Mengen (M, U) mit $M \in \mathfrak{M}$, wenn U alle Nullumgebungen von E durchläuft, als Fundamentalsystem von Nullumgebungen einer separierten lokalkonvexen Topologie von $\Lambda(E)$ aufgefaßt werden kann.[1]) Soll auf $\Lambda(E)$ die auf diese Weise erzeugte *$\mathfrak{M}$-Topologie* verwendet werden, so bezeichnen wir den Folgenraum mit $\Lambda(E)_{\mathfrak{M}}$. Die zugehörigen topologischen Begriffe werden folgendermaßen gekennzeichnet: *$\mathfrak{M}$-beschränkt*, $\mathfrak{M}$-kompakt, $\mathfrak{M}$-lim usw.

Wenn wir die Abbildung I_h durch den Ansatz

$$I_h(\vec{x}_n) = x_h$$

definieren, ergibt sich

Satz 2.1. *I_h ist eine stetige lineare Abbildung von $\Lambda(E)_{\mathfrak{M}}$ in E.*[2])

Beweis. Wir bestimmen eine Menge $M \in \mathfrak{M}$ mit $\vec{\varepsilon}_n(h) \in M$. Ist U eine absolutkonvexe und abgeschlossene Nullumgebung von E, so folgt aus $\vec{x}_n \in (M, U)$ für $a \in U^0$ stets $\overrightarrow{\langle x_n, a\rangle} \in M^0$. Wegen $\vec{\varepsilon}_n(h) \in M$ ergibt sich demnach

$$|\langle x_h, a\rangle| = \left|\sum_{n=1}^\infty \varepsilon_n(h) \langle x_n, a\rangle\right| \leq 1 \quad \text{für} \quad a \in U^0.$$

Deshalb gilt $x_h \in U^{00} = U$. Damit ist die Beziehung

$$I_h((M, U)) \subset U,$$

aus der sich die behauptete Stetigkeit von I_h ergibt, bewiesen.

Wir sagen, daß eine verallgemeinerte Folge $\{\vec{x}_n^{[\nu]}\}$ aus $\Lambda(E)$ *komponentenweise* gegen die Folge $\vec{x}_n$ konvergiert, wenn für $n = 1, 2, \ldots$ die Beziehungen $\lim\limits_\nu x_n^{[\nu]} = x_n$ gelten. Aus Satz 2.1 folgt, daß jede in einer beliebigen $\mathfrak{M}$-Topologie gegen $\vec{x}_n$ konvergierende verallgemeinerte Folge $\{\vec{x}_n^{[\nu]}\}$ auch komponentenweise gegen $\vec{x}_n$ konvergiert.

Wenn wir die Abbildung I_a durch den Ansatz

$$I_a(\vec{x}_n) = \overrightarrow{\langle x_n, a\rangle}$$

definieren, ergibt sich

---

[1]) Es genügt, wenn U ein Fundamentalsystem von Nullumgebungen des lokalkonvexen Raumes E durchläuft. Deshalb kann man U ohne Beschränkung der Allgemeinheit als absolutkonvex und abgeschlossen voraussetzen.

[2]) Vgl. Satz 1.3.

Satz 2.2. *I_a ist eine stetige lineare Abbildung von $\Lambda(E)_{\mathfrak{M}}$ in $\Lambda_{\mathfrak{M}}$.*

Beweis. Zu $a \in E'$ gibt es eine Nullumgebung U von E mit $a \in U^0$. Ist M eine beliebige Menge aus $\mathfrak{M}$, so gilt für $\vec{x}_n \in (M, U)$ stets $\overrightarrow{\langle x_n, a\rangle} \in M^0$. Damit ist die Beziehung

$$I_a((M, U)) \subset M^0,$$

aus der sich die behauptete Stetigkeit von I_a ergibt, bewiesen.

2.4. $\mathfrak{M}$-beschränkte Teilmengen von $\Lambda(E)$

Eine Teilmenge B von $\Lambda(E)$ heißt *beschränkt*, wenn es zu jeder Folge $\vec{\alpha}_n \in \Lambda^*$ und jedem $a \in E'$ eine positive Zahl ϱ mit

$$\sum_1^\infty |\alpha_n \langle x_n, a\rangle| \leq \varrho \quad \text{für} \quad \vec{x}_n \in \mathsf{B}$$

gibt. Unmittelbar aus dieser Definition entnimmt man

Satz 2.3. *Die normale Hülle jeder beschränkten Teilmenge von $\Lambda(E)$ ist ebenfalls beschränkt.*

Nun charakterisieren wir die $\mathfrak{M}$-beschränkten Teilmengen von $\Lambda(E)$.

Satz 2.4. *Eine Teilmenge von $\Lambda(E)$ ist dann und nur dann $\mathfrak{M}$-beschränkt, wenn sie beschränkt ist.*

Notwendigkeit. Weil I_a für jedes $a \in E'$ eine stetige lineare Abbildung von $\Lambda(E)_{\mathfrak{M}}$ in $\Lambda_{\mathfrak{M}}$ ist, muß das Bild $I_a(\mathsf{B})$ der $\mathfrak{M}$-beschränkten Teilmenge B von $\Lambda(E)$ eine $\mathfrak{M}$-beschränkte und somit beschränkte Teilmenge von Λ sein. Demnach gibt es zu jeder Folge $\vec{\alpha}_n \in \Lambda^*$ eine positive Zahl ϱ mit

$$\sum_1^\infty |\alpha_n \langle x_n, a\rangle| \leq \varrho \quad \text{für} \quad \vec{x}_n \in \mathsf{B}.$$

Hinlänglichkeit. Für jede Menge $M \in \mathfrak{M}$ ist

$$W(\mathsf{B}, M) = \bigcap \{W(\vec{x}_n, M) : \vec{x}_n \in \mathsf{B}\}$$

eine absolutkonvexe und $\mathfrak{S}(E)$-abgeschlossene Teilmenge von E'. Weil B beschränkt ist, muß $I_a(\mathsf{B})$ für jedes $a \in E'$ eine beschränkte und somit auch $\hat{\mathfrak{M}}$-beschränkte Teilmenge von Λ sein. Es gibt demnach eine positive Zahl σ mit

$$\sum_1^\infty |\alpha_n \langle x_n, a\rangle| \leq \sigma \quad \text{für} \quad \vec{\alpha}_n \in M \quad \text{und} \quad \vec{x}_n \in \mathsf{B}.$$

Deshalb hat man

$$a \in \sigma W(\vec{x}_n, M) \quad \text{für} \quad \vec{x}_n \in \mathsf{B} \quad \text{oder} \quad a \in \sigma W(\mathsf{B}, M).$$

Folglich ist $W(\mathsf{B}, M)$ eine absorbierende, absolutkonvexe und $\mathfrak{S}(E)$-abgeschlossene Teilmenge von E', und es existiert zu jeder Nullumgebung U von E eine positive Zahl ϱ mit

$$U^0 \in \varrho W(\mathsf{B}, M) \quad \text{oder} \quad \mathsf{B} \subset \varrho(M, U).^{1)}$$

Damit haben wir bewiesen, daß die beschränkte Teilmenge B von $\Lambda(E)$ auch $\mathfrak{M}$-beschränkt ist.

Aus Satz 2.4 ergibt sich insbesondere die Aussage, daß zu jeder $\mathfrak{M}$-Topologie die gleichen $\mathfrak{M}$-beschränkten Teilmengen von $\Lambda(E)$ gehören.

2.5. $\mathfrak{M}$-kompakte Teilmengen von $\Lambda(E)$

In diesem Abschnitt untersuchen wir die relativ $\mathfrak{M}$-kompakten Teilmengen von $\Lambda(E)$.

Satz 2.5. *Eine Teilmenge* K *von* $\Lambda(E)$ *ist dann und nur dann relativ* $\mathfrak{M}$*-kompakt, wenn sie die beiden folgenden Eigenschaften besitzt:*

1. $I_h(\mathsf{K})$ *ist für* $h = 1, 2, \ldots$ *eine relativ kompakte Teilmenge von* E.

2. *Wenn die verallgemeinerte Folge* $\{\vec{x}_n^{[\nu]}\}$ *von Folgen aus* K *komponentenweise gegen eine Folge* $\vec{x}_n$ *konvergiert, so liegt* $\vec{x}_n$ *in* $\Lambda(E)$, *und es gilt* $\mathfrak{M}\text{-}\lim_\nu \vec{x}_n^{[\nu]} = \vec{x}_n$.[2]

Notwendigkeit. Wir betrachten eine relativ $\mathfrak{M}$-kompakte Teilmenge K von $\Lambda(E)$. Da die Abbildungen I_h nach Satz 2.1 stetig sind, muß $I_h(\mathsf{K})$ für $h = 1, 2, \ldots$ eine relativ kompakte Teilmenge von E sein.

Jede verallgemeinerte Folge $\{\vec{x}_n^{[\nu]}\}$ aus K besitzt in $\Lambda(E)$ einen Häufungspunkt $\vec{y}_n$. Falls die betrachtete verallgemeinerte Folge komponentenweise gegen $\vec{x}_n$ konvergiert, ergibt sich $x_n = y_n$. Demnach hat man $\vec{x}_n = \vec{y}_n \in \Lambda(E)$, und es ist gleichzeitig bewiesen, daß die verallgemeinerte Folge $\{\vec{x}_n^{[\nu]}\}$ in $\Lambda(E)$ den einzigen Häufungspunkt $\vec{x}_n$ hat. Folglich gilt $\mathfrak{M}\text{-}\lim_\nu \vec{x}_n^{[\nu]} = \vec{x}_n$.

Hinlänglichkeit. Wir wollen annehmen, daß die Teilmenge K von $\Lambda(E)$ die oben angeführten Eigenschaften besitzt. Ist $\mathbf{F}$ ein beliebiger Ultrafilter aus K, so entnehmen wir aus jeder Menge $\mathsf{F} \in \mathbf{F}$ ein Element $\vec{x}_n(\mathsf{F})$. Da $I_h(\mathbf{F})$ ein Ultrafilter in der relativ kompakten Teilmenge $I_h(\mathsf{K})$ ist, muß $I_h(\mathbf{F})$ gegen ein Element $x_h \in E$ konvergieren. Daraus folgt aber die Beziehung $\lim_{\mathsf{F} \in \mathbf{F}} x_h(\mathsf{F}) = x_h$. Die verallgemeinerte Folge $\{\vec{x}_n(\mathsf{F})\}$ konvergiert also komponentenweise gegen $\vec{x}_n$. Nach Voraussetzung liegt dann die Folge $\vec{x}_n$ in $\Lambda(E)$, und es gilt $\mathfrak{M}\text{-}\lim_{\mathsf{F} \in \mathbf{F}} \vec{x}_n(\mathsf{F}) = \vec{x}_n$. Daraus ergibt sich aber, daß der Ultrafilter $\mathbf{F}$ in der $\mathfrak{M}$-Topologie ebenfalls gegen $\vec{x}_n$ konvergieren muß. Folglich ist K eine relativ $\mathfrak{M}$-kompakte Teilmenge von $\Lambda(E)$.

Ohne Beweis erwähnen wir

Satz 2.6. *Eine Teilmenge* K *von* $\Lambda(E)$ *ist dann und nur dann relativ* $\mathfrak{M}$*-folgenkompakt, wenn sie die beiden folgenden Eigenschaften besitzt:*

---

[1] Vgl. [5], Chap. III, Lemma 1, S. 21, oder [20], S. 254 (Satz von Banach-Mackey).

[2] Vgl. Satz 1.5.

1. $I_h(\mathsf{K})$ *ist für* $h = 1, 2, \ldots$ *eine relativ folgenkompakte Teilmenge von* E.

2. *Wenn die Folge* $\{\vec{x}_n^{[i]}\}$ *von Folgen aus* K *komponentenweise gegen eine Folge* $\vec{x}_n$ *konvergiert, so liegt* $\vec{x}_n$ *in* $\Lambda(E)$, *und es gilt* $\mathfrak{M}\text{-}\lim\limits_{i\to\infty} \vec{x}_n^{[i]} = \vec{x}_n$.[1])

Wenn E ein metrischer lokalkonvexer Raum ist, fallen in $\Lambda(E)$ die relativ $\mathfrak{M}$-kompakten Teilmengen mit den relativ $\mathfrak{M}$-folgenkompakten Teilmengen zusammen, und man kann die in Satz 2.6 angegebenen Eigenschaften auch zur Charakterisierung der relativ $\mathfrak{M}$-kompakten Teilmengen von $\Lambda(E)$ verwenden.

2.6. Der Folgenraum $(\Lambda(E)_{\mathfrak{M}})$

Im folgenden bezeichnen wir mit $(\Lambda(E)_{\mathfrak{M}})$ die Gesamtheit aller Folgen $\vec{x}_n \in \Lambda(E)$, so daß $X'(a) = \overrightarrow{\langle x_n, a\rangle}$ für jede Nullumgebung U von E eine stetige Abbildung von U^0 in $\Lambda_{\mathfrak{M}}$ ist, wenn auf U^0 die durch E' induzierte $\mathfrak{S}(E)$-Topologie verwendet wird.

Satz 2.7. *Für jede Folge* $\vec{x}_n \in \Lambda(E)$ *gehört* $\vec{x}_n(\leq i)$ *zu* $(\Lambda(E)_{\mathfrak{M}})$.

Beweis. Da $\langle x, a\rangle$ für jedes Element $x \in E$ eine stetige Funktion auf U^0 ist, muß

$$X'(\leq i)(a) = \overrightarrow{\langle x_n(\leq i), a\rangle} = \sum_{l=1}^{i} \langle x_l, a\rangle\, \vec{\varepsilon}_n(l)$$

eine stetige Abbildung von U^0 in $\Lambda_{\mathfrak{M}}$ sein.

Satz 2.8. $(\Lambda(E)_{\mathfrak{M}})$ *ist ein* $\mathfrak{M}$*-abgeschlossener linearer Unterraum von* $\Lambda(E)$.

Beweis. Wir betrachten eine beliebige Folge $\vec{x}_n$ aus der $\mathfrak{M}$-abgeschlossenen Hülle von $(\Lambda(E)_{\mathfrak{M}})$. Ist U eine Nullumgebung von E, so existiert zu jeder Menge $M \in \mathfrak{M}$ eine Folge $\vec{y}_n \in (\Lambda(E)_{\mathfrak{M}})$ mit

$$\vec{x}_n - \vec{y}_n \in (M, U) \quad \text{oder} \quad \overrightarrow{\langle x_n - y_n, a\rangle} \in M^0 \quad \text{für} \quad a \in U^0.$$

Weil $Y'(a) = \overrightarrow{\langle y_n, a\rangle}$ eine stetige Abbildung von U^0 in $\Lambda_{\mathfrak{M}}$ ist, gibt es zu jedem $b \in U^0$ eine endliche Teilmenge S von E mit

$$\overrightarrow{\langle y_n, a\rangle} - \overrightarrow{\langle y_n, b\rangle} \in M^0 \qquad \text{für} \qquad a \in U^0 \cap \{b + S^0\}.$$

Demnach gilt

$$\overrightarrow{\langle x_n, a\rangle} - \overrightarrow{\langle x_n, b\rangle} \in 3\,M^0 \qquad \text{für} \qquad a \in U^0 \cap \{b + S^0\}.$$

Damit haben wir gezeigt, daß auch $X'(a) = \overrightarrow{\langle x_n, a\rangle}$ eine stetige Abbildung von U^0 in $\Lambda_{\mathfrak{M}}$ ist. Folglich gehört die Folge $\vec{x}_n$ zu $(\Lambda(E)_{\mathfrak{M}})$, und es ergibt sich, daß $(\Lambda(E)_{\mathfrak{M}})$ ein $\mathfrak{M}$-abgeschlossener Unterraum von $\Lambda(E)$ ist.

[1]) Vgl. Satz 1.5.

Andererseits stellt man leicht fest, daß mit $\vec{x}_n$ und $\vec{y}_n$ auch jede Linearkombination $\lambda\vec{x}_n + \mu\vec{y}_n$ in $(\Lambda(E)_{\mathfrak{M}})$ liegt.

Im weiteren benötigen wir

Satz 2.9. *Durch den Ansatz*

$$f(\vec{x}_n, a) = \overrightarrow{\langle x_n, a\rangle}$$

wird für jede Nullumgebung U eine stetige Abbildung f von $(\Lambda(E)_{\mathfrak{M}}) \times U^0$ in $\Lambda_{\mathfrak{M}}$ definiert.

Beweis. Wir betrachten eine Folge $\vec{y}_n \in (\Lambda(E)_{\mathfrak{M}})$ und ein Element $b \in U^0$. Dann gibt es wegen der Stetigkeit der Abbildung Y' zu jeder Menge $M \in \mathfrak{M}$ eine endliche Menge S aus E mit

$$\overrightarrow{\langle y_n, a\rangle} - \overrightarrow{\langle y_n, b\rangle} \in M^0 \qquad \text{für} \qquad a \in U^0 \cap \{b + S^0\}.$$

Nun erhalten wir für $\vec{x}_n \in (\Lambda(E)_{\mathfrak{M}}) \cap \{\vec{y}_n + (M, U)\}$ und $a \in U^0 \cap \{b + S^0\}$ die Beziehung

$$f(\vec{x}_n, a) - f(\vec{y}_n, b) = \overrightarrow{\langle x_n, a\rangle} - \overrightarrow{\langle y_n, a\rangle} + \overrightarrow{\langle y_n, a\rangle} - \overrightarrow{\langle y_n, b\rangle} \in 2M^0.$$

Damit ist die behauptete Stetigkeit der Abbildung f bewiesen.

2.7. Normale $\mathfrak{M}$-kompakte Teilmengen von $\Lambda(E)$

Als erste Aussage über die normalen relativ $\mathfrak{M}$-kompakten Teilmengen von $\Lambda(E)$ formulieren wir

Satz 2.10. *Jede normale relativ $\mathfrak{M}$-kompakte Teilmenge von $\Lambda(E)$ liegt in $(\Lambda(E)_{\mathfrak{M}})$.*

Beweis. Ist $\vec{x}_n$ eine beliebige Folge aus der normalen relativ $\mathfrak{M}$-kompakten Teilmenge K von $\Lambda(E)$, so hat man auch $\vec{x}_n(\leq i) \in \mathsf{K}$. Folglich gilt nach Satz 2.5 wegen der komponentenweisen Konvergenz $\mathfrak{M}\text{-}\lim_{i\to\infty} \vec{x}_n(\leq i) = \vec{x}_n$. Nun ergibt sich nach Satz 2.8 aus $\vec{x}_n(\leq i) \in (\Lambda(E)_{\mathfrak{M}})$ die Aussage $\vec{x}_n \in (\Lambda(E)_{\mathfrak{M}})$. Damit ist die Beziehung $\mathsf{K} \subset (\Lambda(E)_{\mathfrak{M}})$ bewiesen.

Nun charakterisieren wir diejenigen Teilmengen von $\Lambda(E)$, die eine relativ $\mathfrak{M}$-kompakte normale Hülle besitzen. Es gilt

Satz 2.11. *Die normale Hülle einer Teilmenge K von $\Lambda(E)$ ist dann und nur dann relativ $\mathfrak{M}$-kompakt, wenn K die beiden folgenden Eigenschaften besitzt:*

1. *$I_h(\mathsf{K})$ ist für $h = 1, 2, \ldots$ eine relativ kompakte Teilmenge von E.*
2. *Für jede Nullumgebung U von E ist die normale Hülle von*

$$f(\mathsf{K}, U^0) = \{\overrightarrow{\langle x_n, a\rangle} : \vec{x}_n \in \mathsf{K} \text{ und } a \in U^0\}$$

eine relativ $\mathfrak{M}$-kompakte Teilmenge von Λ.

2'. *Zu jeder Menge* $M \in \mathfrak{M}$ *und jeder Nullumgebung* U *von* E *gibt es eine natürliche Zahl* i *mit*

$$\sum_{i+1}^{\infty} |\alpha_n\langle x_n, a\rangle| \leq 1 \quad \text{für} \quad \vec{\alpha}_n \in M, \quad a \in U^0 \quad \text{und} \quad \vec{x}_n \in \mathsf{K}.^{1)} \qquad (*)$$

Beweis. Als erstes stellen wir fest, daß die Bedingungen 2. und 2'. nach Satz 1.6 äquivalent sind.

Notwendigkeit. Ist die normale Hülle der Menge K relativ $\mathfrak{M}$-kompakt, so folgt aus Satz 2.1, daß $I_h(\mathsf{K}) \subset I_h(\hat{\mathsf{K}})$ für $h = 1, 2, \ldots$ eine relativ kompakte Teilmenge von E sein muß.

Da $\hat{\mathsf{K}}$ nach Satz 2.10 in $(\Lambda(E)_{\mathfrak{M}})$ liegt, gehört wegen Satz 2.8 auch die $\mathfrak{M}$-abgeschlossene Hülle H von $\hat{\mathsf{K}}$ zu $(\Lambda(E)_{\mathfrak{M}})$. Deshalb folgt aus Satz 2.9, daß $f(\mathsf{H}, U^0)$ für jede Nullumgebung U von E eine $\mathfrak{M}$-kompakte Teilmenge von Λ ist. Abschließend ergibt sich aus der Beziehung

$$f(\mathsf{K}, U^0) \subset f(\hat{\mathsf{K}}, U^0) \subset f(\mathsf{H}, U^0),$$

daß die normale Hülle von $f(\mathsf{K}, U^0)$ relativ $\mathfrak{M}$-kompakt sein muß.

Hinlänglichkeit. Wir wollen annehmen, daß die Teilmenge K von $\Lambda(E)$ die oben angeführten Eigenschaften besitzt. Dann erkennt man, daß die Menge $I_h(\hat{\mathsf{K}}) = \{\lambda x : x \in I_h(\mathsf{K}) \text{ und } |\lambda| \leq 1\}$ als kreisförmige Hülle der relativ kompakten Teilmenge $I_h(\mathsf{K})$ von E relativ kompakt sein muß.[2)]

Wir betrachten nun eine verallgemeinerte Folge $\{\vec{x}_n^{[\nu]}\}$ aus $\hat{\mathsf{K}}$, die komponentenweise gegen eine Folge $\vec{x}_n$ konvergiert, und zeigen, daß die Aussagen $\vec{x}_n \in \Lambda(E)$ und $\mathfrak{M}\text{-}\lim_{\nu} \vec{x}_n^{[\nu]} = \vec{x}_n$ gelten. Dann ergibt sich nämlich aus Satz 2.5, daß $\hat{\mathsf{K}}$ relativ $\mathfrak{M}$-kompakt ist.

Da es zu jeder Menge $M \in \mathfrak{M}$ und jeder Nullumgebung U von E eine natürliche Zahl i mit

$$\sum_{i+1}^{\infty} |\alpha_n\langle y_n, a\rangle| \leq 1 \quad \text{für} \quad \vec{\alpha}_n \in M, \quad a \in U^0 \quad \text{und} \quad \vec{y}_n \in \mathsf{K}$$

gibt, bestehen auch für die Folgen $\vec{x}_n^{[\nu]} \in \hat{\mathsf{K}}$ die Ungleichungen

$$\sum_{n=i+1}^{\infty} |\alpha_n\langle x_n^{[\nu]}, a\rangle| \leq 1 \quad \text{für} \quad \vec{\alpha}_n \in M \quad \text{und} \quad a \in U^0.$$

Nun ergibt sich durch Grenzübergang

$$\sum_{n=i+1}^{\infty} |\alpha_n\langle x_n, a\rangle| \leq 1 \quad \text{für} \quad \vec{\alpha}_n \in M \quad \text{und} \quad a \in U^0.$$

---

1) Vgl. Satz 1.6.

2) Vgl. [5], Chap. I, S. 6, oder [20], S. 244.

Weil M eine beschränkte Teilmenge von Λ ist, gibt es positive Zahlen ϱ_n mit

$$|\alpha_n| \leq \varrho_n \qquad \text{für} \qquad \vec{\alpha}_n \in M.$$

Wegen der komponentenweisen Konvergenz der verallgemeinerten Folge $\{\vec{x}_n^{[\nu]}\}$ existiert ein ν_0 mit

$$x_n^{[\nu]} - x_n \in \frac{1}{i\,\varrho_n} U \qquad \text{für} \qquad \nu \geq \nu_0 \qquad \text{und} \qquad n = 1, \ldots, i.$$

Nun ergibt sich aus der Ungleichung

$$\sum_{n=1}^{\infty} |\alpha_n \langle x_n^{[\nu]} - x_n, a\rangle| \leq \sum_{n=1}^{i} |\alpha_n \langle x_n^{[\nu]} - x_n, a\rangle| + \sum_{n=i+1}^{\infty} |\alpha_n \langle x_n^{[\nu]}, a\rangle| + \sum_{n=i+1}^{\infty} |\alpha_n \langle x_n, a\rangle|$$

die Beziehung

$$\sum_{n=1}^{\infty} |\alpha_n \langle x_n^{[\nu]} - x_n, a\rangle| \leq 3 \qquad \text{für} \qquad \vec{\alpha}_n \in M, \quad a \in U^0 \qquad \text{und} \qquad \nu \geq \nu_0. \tag{1}$$

Da es zu jeder Folge $\vec{\alpha}_n \in [\Lambda^*]$ und jedem Element $a \in E'$ eine Menge $M \in \mathfrak{M}$ und eine Nullumgebung U von E mit $\vec{\alpha}_n \in M$ und $a \in U^0$ gibt, folgt aus (1) die Aussage

$$\sum_{1}^{\infty} |\alpha_n \langle x_n, a\rangle| \leq \sum_{1}^{\infty} |\alpha_n \langle x_n^{[\nu_0]} - x_n, a\rangle| + \sum_{1}^{\infty} |\alpha_n \langle x_n^{[\nu_0]}, a\rangle| < +\infty.$$

Demnach gehört die Folge $\vec{x}_n$ zu $\Lambda(E)$, und wir erhalten aus (1) die Beziehung

$$\vec{x}_n^{[\nu]} - \vec{x}_n \in 3(M, U) \qquad \text{für} \qquad \nu \geq \nu_0.$$

Damit sind die Aussagen

$$\vec{x}_n \in \Lambda(E) \qquad \text{und} \qquad \mathfrak{M}\text{-}\lim \vec{x}_n^{[\nu]} = \vec{x}_n$$

bewiesen. Deshalb ist $\hat{\mathsf{K}}$ nach Satz 2.5 relativ $\mathfrak{M}$-kompakt.

Als einfache Folgerung aus Satz 2.11 ergibt sich

Satz 2.12. *Jede normale (relativ) $\mathfrak{M}$-kompakte Teilmenge von $\Lambda(E)$ ist sogar (relativ) $\hat{\mathfrak{M}}$- und $\mathfrak{M}^{**}$-kompakt.*[1])

Beweis. Ist K eine normale relativ $\mathfrak{M}$-kompakte Teilmenge von $\Lambda(E)$, so folgt aus Satz 2.11, daß $\boldsymbol{f}(\mathsf{K}, U^0)$ für jede Nullumgebung U von E eine normale relativ $\mathfrak{M}$-kompakte Teilmenge von Λ sein muß. Nun entnimmt man aus Satz 1.19 und Satz 1.38, daß $\boldsymbol{f}(\mathsf{K}, U^0)$ sogar relativ $\hat{\mathfrak{M}}$- und $\mathfrak{M}^{**}$-kompakt ist. Auf Grund von Satz 2.11 gelten dann die gleichen Aussagen auch für K.

---

[1]) Vgl. Satz 1.19 und Satz 1.38.

2.8. Der Folgenraum $[\Lambda(E)_{\mathfrak{M}}]$

Für die folgenden Betrachtungen benötigen wir

Satz 2.13. *Für jede Folge* $\vec{x}_n \in \Lambda(E)$ *ist* $\mathsf{N}(\vec{x}_n)$ *eine* $\mathfrak{M}$*-abgeschlossene Teilmenge von* $\Lambda(E)$.[1])

Beweis. Wir betrachten eine beliebige verallgemeinerte Folge $\{\vec{y}_n^{[\nu]}\}$ aus $\mathsf{N}(\vec{x}_n)$, die in der $\mathfrak{M}$-Topologie gegen eine Folge $\vec{y}_n \in \Lambda(E)$ konvergiert. Da $\mathsf{N}(\vec{x}_n)$ aus allen Folgen $\vec{z}_n$ besteht, deren n-te Komponente z_n in der abgeschlossenen Teilmenge $N(x_n) = \{\lambda x_n : |\lambda| \leq 1\}$ von E liegt, ergibt sich wegen der komponentenweisen Konvergenz aus $y_n^{[\nu]} \in N(x_n)$ auch $y_n \in N(x_n)$. Demnach gehört die Folge $\vec{y}_n$ zu $\mathsf{N}(\vec{x}_n)$.

Im folgenden bezeichnen wir mit $[\Lambda(E)_{\mathfrak{M}}]$ die Gesamtheit aller Folgen $\vec{x}_n \in \Lambda(E)$, für die $\mathsf{N}(\vec{x}_n)$ eine $\mathfrak{M}$-kompakte Teilmenge von $\Lambda(E)$ ist. Auf $[\Lambda(E)_{\mathfrak{M}}]$ soll stets die durch $\Lambda(E)_{\mathfrak{M}}$ induzierte $\mathfrak{M}$-Topologie verwendet werden.

Aus Satz 2.11 und Satz 2.13 ergibt sich

Satz 2.14. *Eine Folge* $\vec{x}_n$ *gehört dann und nur dann zu* $[\Lambda(E)_{\mathfrak{M}}]$, *wenn es zu jeder Menge* $M \in \mathfrak{M}$ *und jeder Nullumgebung* U *von* E *eine natürliche Zahl* i *mit*

$$\sum_{i+1}^{\infty} |\alpha_n \langle x_n, a\rangle| \leq 1 \quad \text{für} \quad \vec{x}_n \in M \quad \text{und} \quad a \in U^0 \qquad (**)$$

gibt.[2])

Unmittelbar aus Satz 2.10 erhalten wir

Satz 2.15. *Es gilt* $[\Lambda(E)_{\mathfrak{M}}] \subset (\Lambda(E)_{\mathfrak{M}})$.

Genauso wie im Fall eines gewöhnlichen vollkommenen Folgenraumes beweist man die beiden folgenden Sätze.

Satz 2.16. $[\Lambda(E)_{\mathfrak{M}}]$ *ist ein normaler linearer Unterraum von* $\Lambda(E)$.[3])

Satz 2.17. *Jede normale relativ* $\mathfrak{M}$*-kompakte Teilmenge von* $\Lambda(E)$ *liegt in* $[\Lambda(E)_{\mathfrak{M}}]$.[4])

Als unmittelbare Folgerung aus der Definition von $[\Lambda(E)_{\mathfrak{M}}]$ und Satz 2.12 ergibt sich

Satz 2.18. *Es gilt* $[\Lambda(E)_{\mathfrak{M}}] = [\Lambda(E)_{\hat{\mathfrak{M}}}] = [\Lambda(E)_{\mathfrak{M}^{**}}]$.[5])

Im folgenden benötigen wir den nachstehenden

Hilfssatz. *Für* $E = [\Lambda^*_{\mathfrak{M}^*}]$ *gehört die Folge* $\vec{e}_n$ *mit* $e_n = \vec{\varepsilon}_l(n)$ *zu* $[\Lambda(E)_{\mathfrak{M}}]$.

---

[1]) Vgl. Satz 1.7.
[2]) Vgl. Satz 1.8.
[3]) Vgl. Satz 1.9.
[4]) Vgl. Satz 1.12.
[5]) Vgl. Satz 1.20 und Satz 1.39.

Beweis. Aus Satz 1.49 entnimmt man die Beziehung $E' = [\Lambda_{\mathfrak{M}}]$. Ist U eine beliebige Nullumgebung von E, so gibt es eine normale Menge $N \in \mathfrak{M}^*$ mit $N^0 \subset U$ oder $U^0 \subset N^{00}$.[1])

Nun bestimmen wir zu jeder Menge $M \in \mathfrak{M}$ eine natürliche Zahl i mit

$$\sum_{i+1}^{\infty} |\alpha_n \xi_n| \leq 1 \quad \text{für} \quad \vec{\alpha}_n \in M \quad \text{und} \quad \vec{\xi}_n \in N.$$

Dann hat man

$$\vec{\alpha}_n(> i) \in N^0 \qquad \text{für} \qquad \vec{\alpha}_n \in M,$$

und es ergibt sich, weil N normal ist,

$$\sum_{i+1}^{\infty} |\alpha_n \eta_n| \leq 1 \quad \text{für} \quad \vec{\alpha}_n \in M \quad \text{und} \quad \vec{\eta}_n \in N^{00}.$$

Folglich erhält man für $a = \vec{\eta}_l \in U^0 \subset N^{00}$ und $\vec{\alpha}_n \in M$ wegen $\langle e_n, a\rangle = \eta_n$ die Ungleichung

$$\sum_{i+1}^{\infty} |\alpha_n \langle e_n, a\rangle| \leq 1.$$

Damit ist die Aussage $\vec{e}_n \in [\Lambda(E)_{\mathfrak{M}}]$ bewiesen.

Wir wollen nun für zwei beliebige topologisierende Systeme $\mathfrak{M}_1$ und $\mathfrak{M}_2$ von Λ die Folgenräume $[\Lambda(E)_{\mathfrak{M}_1}]$ und $[\Lambda(E)_{\mathfrak{M}_2}]$ miteinander vergleichen. Es ergibt sich

Satz 2.19. *Für beliebiges E gilt dann und nur dann stets*

$$[\Lambda(E)_{\mathfrak{M}_1}] \subset [\Lambda(E)_{\mathfrak{M}_2}],$$

wenn $\mathfrak{M}_2$ ein Teilsystem von $\mathfrak{M}_1^{**}$ ist.[2])

Notwendigkeit. Wir setzen $E = [\Lambda^*_{\mathfrak{M}_1^*}]$ und erhalten $E' = [\Lambda_{\mathfrak{M}_1}]$. Ist N eine beliebige Menge aus $\mathfrak{M}_1^*$, so ist $U = N^0$ eine Nullumgebung von E, und es gilt $N \subset U^0$.

Da die Folge $\vec{e}_n$ mit $e_n = \vec{\varepsilon}_l(n)$ zu $[\Lambda(E)_{\mathfrak{M}_1}]$ gehört, ergibt sich aus unserer Voraussetzung $\vec{e}_n \in [\Lambda(E)_{\mathfrak{M}_2}]$. Deshalb existiert zu jeder Menge $M \in \mathfrak{M}_2$ eine natürliche Zahl i mit

$$\sum_{i+1}^{\infty} |\alpha_n \langle e_n, a\rangle| \leq 1 \quad \text{für} \quad \vec{\alpha}_n \in M \quad \text{und} \quad a \in U^0.$$

Folglich erhält man für $\vec{\alpha}_n \in M$ und $a = \vec{\xi}_l \in N \subset U^0$ wegen $\langle e_n, a\rangle = \xi_n$ die Ungleichung

$$\sum_{i+1}^{\infty} |\alpha_n \xi_n| \leq 1.$$

---

[1]) Die Polaren werden bezüglich des Dualsystems $\langle E, E'\rangle$ gebildet.

[2]) Die Aussagen $\mathfrak{M}_2 \subset \mathfrak{M}_1^{**}$ und $\mathfrak{M}_2^{**} \subset \mathfrak{M}_1^{**}$ sind äquivalent.

Weil N eine beliebige Menge aus $\mathfrak{M}_1^*$ war, ergibt sich somit $M \in \mathfrak{M}_1^{**}$. Damit ist die Beziehung $\mathfrak{M}_2 \subset \mathfrak{M}_1^{**}$ bewiesen.

Hinlänglichkeit. Aus $\mathfrak{M}_2 \subset \mathfrak{M}_1^{**}$ ergibt sich wegen Satz 2.18 für jedes E die Beziehung

$$[\Lambda(E)_{\mathfrak{M}_1}] = [\Lambda(E)_{\mathfrak{M}_1^{**}}] \subset [\Lambda(E)_{\mathfrak{M}_2}].$$

Aus der Tatsache, daß für einen beliebigen vollkommenen Folgenraum Λ stets $[\Lambda_{\mathfrak{G}(\Lambda^*)}] = [\Lambda_{\mathfrak{K}(\Lambda^*)}]$ gilt, obwohl im allgemeinen $\mathfrak{G}(\Lambda^*)$ nicht mit $\mathfrak{K}(\Lambda^*)$ zusammenfällt, erkennt man, daß für zwei topologisierende Systeme $\mathfrak{M}_1$ und $\mathfrak{M}_2$ von Λ aus $[\Lambda_{\mathfrak{M}_1}] = [\Lambda_{\mathfrak{M}_2}]$ nicht $\mathfrak{M}_1^{**} = \mathfrak{M}_2^{**}$ folgt. Für verallgemeinerte vollkommene Folgenräume erhalten wir dagegen

Satz 2.20. *Für beliebiges E gilt dann und nur dann stets*

$$[\Lambda(E)_{\mathfrak{M}_1}] = [\Lambda(E)_{\mathfrak{M}_2}],$$

wenn die topologisierenden Systeme $\mathfrak{M}_1^{**}$ und $\mathfrak{M}_2^{**}$ zusammenfallen.

Beweis. Gilt die Identität $[\Lambda(E)_{\mathfrak{M}_1}] = [\Lambda(E)_{\mathfrak{M}_2}]$ für alle E, so ergeben sich aus Satz 2.19 die Beziehungen

$$\mathfrak{M}_2 \subset \mathfrak{M}_1^{**} \qquad \text{und} \qquad \mathfrak{M}_1 \subset \mathfrak{M}_2^{**}.$$

Folglich hat man $\mathfrak{M}_1^{**} = \mathfrak{M}_2^{**}$.

Für das spezielle topologisierende System $\mathfrak{S}_0(\Lambda^*)$ von Λ erhält man

Satz 2.21. *Es gilt* $[\Lambda(E)_{\mathfrak{S}_0(\Lambda^*)}] = \Lambda(E)$.

Beweis. Wir betrachten eine beliebige Folge $\vec{\beta}_n \in [\Lambda^*]$ und stellen sie in der Form $\vec{\beta}_n = \overrightarrow{\gamma_n \alpha_n}$ mit $\vec{\gamma}_n \in \Gamma$ und $\vec{\alpha}_n \in \Lambda^*$ dar. Zu $\vec{\alpha}_n \in \Lambda^*$ und jeder Nullumgebung U von E existiert eine positive Zahl ϱ mit

$$\sum_1^{\infty} |\alpha_n \langle x_n, a\rangle| \leq \varrho \quad \text{für} \quad a \in U^0.$$

Wenn wir nun eine natürliche Zahl i mit $|\gamma_n| \leq \frac{1}{\varrho}$ für $n > i$ bestimmen, ergibt sich

$$\sum_{i+1}^{\infty} |\gamma_n \alpha_n \langle x_n, a\rangle| \leq \frac{1}{\varrho} \sum_{i+1}^{\infty} |\alpha_n \langle x_n, a\rangle| \leq 1 \quad \text{für} \quad a \in U^0.$$

Damit haben wir gezeigt, daß es zu jeder Folge $\vec{\beta}_n \in [\Lambda^*]$ eine natürliche Zahl i mit

$$\sum_{i+1}^{\infty} |\beta_n \langle x_n, a\rangle| \leq 1 \quad \text{für} \quad a \in U^0$$

gibt. Folglich gehört jede Folge $\vec{x}_n \in \Lambda(E)$ zu $[\Lambda(E)]_{\mathfrak{S}_0(\Lambda^*)}]$.

Als Spezialfall von Satz 2.19 erhalten wir nun

Satz 2.22. *Für beliebiges E gilt dann und nur dann stets*

$$[\Lambda(E)_{\mathfrak{M}}] = \Lambda(E),$$

wenn $\mathfrak{M}$ ein Teilsystem von $\mathfrak{C}(\Lambda^*)$ ist.

2.9. Der Folgenraum $[\Lambda(E)_{\mathfrak{S}(\Lambda^*)}]$

Jeder vollkommene Folgenraum Λ besteht wegen $\Lambda = \Lambda^{**}$ aus allen Folgen $\vec{\xi}_n$, für die die Reihe $\sum\limits_1^\infty \alpha_n \xi_n$ mit beliebigem $\vec{\alpha}_n \in \Lambda^*$ konvergiert. Wenn wir mit $\tilde{E}$ die vollständige Hülle von E bezeichnen, so erhalten wir in Analogie zu dieser Charakterisierung von Λ

Satz 2.23. $[\Lambda(E)_{\mathfrak{S}(\Lambda^*)}]$ *besteht aus allen Folgen $\vec{x}_n$ mit $x_n \in E$, für die die Reihe $\sum\limits_1^\infty \alpha_n x_n$ mit beliebigem $\vec{\alpha}_n \in \Lambda^*$ in $\tilde{E}$ konvergiert.*

Beweis. Gehört die Folge $\vec{x}_n$ zu $[\Lambda(E)_{\mathfrak{S}(\Lambda^*)}]$, so gibt es nach Satz 2.14 zu jeder Folge $\vec{\alpha}_n \in \Lambda^*$ und jeder absolutkonvexen und abgeschlossenen Nullumgebung U von E eine natürliche Zahl i mit

$$\sum_{i+1}^\infty |\alpha_n \langle x_n, a\rangle| \leq 1 \qquad \text{für} \qquad a \in U^0.$$

Folglich hat man

$$\sum_{p+1}^q \alpha_n x_n \in U^{00} = U \qquad \text{für} \qquad q > p \geq i,$$

und man erkennt, daß die Reihe $\sum\limits_1^\infty \alpha_n x_n$ in der vollständigen Hülle von E konvergieren muß.

Wir betrachten nun eine beliebige Folge $\vec{x}_n$ mit $x_n \in \tilde{E}$, für die die Reihe $\sum\limits_1^\infty \alpha_n x_n$ mit jedem $\vec{\alpha}_n \in \Lambda^*$ in $\tilde{E}$ konvergiert. Zuerst zeigen wir, daß diese Folge zu $\Lambda(E)$ gehört. Zu diesem Zweck bestimmen wir zu $a \in E' = (\tilde{E})'$ und $\vec{\alpha}_n \in \Lambda^*$ eine Folge $\vec{\lambda}_n$ von komplexen Zahlen mit

$$|\lambda_n| = 1 \qquad \text{und} \qquad \lambda_n \alpha_n \langle x_n, a\rangle = |\alpha_n \langle x_n, a\rangle|.$$

Da wegen $\overrightarrow{\lambda_n \alpha_n} \in \Lambda^*$ die Reihe $\sum\limits_1^\infty \lambda_n \alpha_n x_n$ in $\tilde{E}$ konvergiert, erhalten wir die Ungleichung

$$\sum_1^\infty |\alpha_n \langle x_n, a\rangle| = \sum_1^\infty \lambda_n \alpha_n \langle x_n, a\rangle = \left\langle \sum_1^\infty \lambda_n \alpha_n x_n, a \right\rangle < +\infty.$$

Folglich gehört die Folge $\vec{x}_n$ zu $\Lambda(E)$, und durch den Ansatz

$$X'(a) = \overrightarrow{\langle x_n, a\rangle}$$

wird eine lineare Abbildung X' von E' in Λ definiert. Da für jede endliche Teilmenge $S = \{\vec{\alpha}_n^{[i]} : i = 1, \ldots, s\}$ von Λ^* mit $T = \left\{\sum_{n=1}^{\infty} \alpha_n^{[i]} x_n : i = 1, \ldots, s\right\} \subset \tilde{E}$ die Beziehung

$$X'(T^0) \subset S^0$$

gilt, ist X' sogar eine stetige lineare Abbildung von $E'_{\mathfrak{S}(\tilde{E})}$ in $\Lambda_{\mathfrak{S}(\Lambda^*)}$. Deshalb muß für jede Nullumgebung U von E das Bild $X'(U^0)$ der $\mathfrak{S}(\tilde{E})$-kompakten Menge U^0 eine $\mathfrak{S}(\Lambda^*)$-kompakte Teilmenge von Λ sein, deren normale Hülle nach Satz 1.28 ebenfalls $\mathfrak{S}(\Lambda^*)$-kompakt ist. Folglich gibt es zu jeder Menge $S \in \mathfrak{S}(\Lambda^*)$ eine natürliche Zahl i mit

$$\sum_{i+1}^{\infty} |\alpha_n \langle x_n, a\rangle| \leq 1 \quad \text{für} \quad \vec{\alpha}_n \in S \quad \text{und} \quad a \in U^0.$$

Also gehört die Folge $\vec{x}_n$ zu $[\Lambda(E)_{\mathfrak{S}(\Lambda^*)}]$.

Aus Satz 2.19 erhalten wir als Spezialfall

Satz 2.24. *Für beliebiges E gilt dann und nur dann stets*

$$\Lambda(E) = [\Lambda(E)_{\mathfrak{S}(\Lambda^*)}],$$

wenn in Λ jede beschränkte Teilmenge sogar relativ $\mathfrak{S}(\Lambda^*)$-kompakt ist.

Beweis. Nach Satz 2.19 gilt dann und nur dann für beliebiges E stets

$$[\Lambda(E)_{\mathfrak{S}_0(\Lambda^*)}] = \Lambda(E) \subset [\Lambda(E)_{\mathfrak{S}(\Lambda^*)}],$$

wenn $\mathfrak{S}(\Lambda^*)$ und somit auch $\mathfrak{G}(\Lambda^*)$ ein Teilsystem von $\mathfrak{C}(\Lambda^*)$ ist. Nun ergibt sich unsere Behauptung aus der Tatsache, daß die Aussagen $\mathfrak{G}(\Lambda^*) \subset \mathfrak{C}(\Lambda^*)$ und $\mathfrak{B}(\Lambda) \subset \mathfrak{R}(\Lambda)$ äquivalent sind.

Als Gegenstück zu Satz 2.24 formulieren wir

Satz 2.25. *Für beliebiges Λ gilt dann und nur dann stets*

$$\Lambda(E) = [\Lambda(E)_{\mathfrak{S}(\Lambda^*)}],$$

wenn in $\tilde{E}$ jede Reihe $\sum_{1}^{\infty} x_n$ mit $x_n \in E$ konvergiert, für die mit beliebigem $a \in E'$ die Ungleichung $\sum_{1}^{\infty} |\langle x_n, a\rangle| < +\infty$ gilt.

Notwendigkeit. Wir setzen $\Lambda = \Sigma^1$. Ist $\vec{x}_n$ eine Folge mit $x_n \in E$, für die mit $a \in E'$ stets $\sum_{1}^{\infty} |\langle x_n, a\rangle| < +\infty$ gilt, so liegt $\vec{x}_n$ skalar in Σ^1. Folglich hat man auch $\vec{x}_n \in [\Sigma^1(E)_{\mathfrak{S}(\Sigma^\infty)}]$, und die Reihe $\sum_{1}^{\infty} x_n = \sum_{1}^{\infty} \varepsilon_n x_n$ muß wegen $\vec{\varepsilon}_n \in \Sigma^\infty$ in $\tilde{E}$ konvergieren.

Hinlänglichkeit. Ist $\vec{x}_n$ eine Folge aus $\Lambda(E)$, so gilt für $\vec{\alpha}_n \in \Lambda^*$ mit beliebigem $a \in E'$ wegen $\overrightarrow{\langle x_n, a\rangle} \in \Lambda$ stets die Ungleichung $\sum_1^\infty |\alpha_n \langle x_n, a\rangle| < +\infty$. Folglich muß die Reihe $\sum_1^\infty \alpha_n x_n$ in $\tilde{E}$ konvergieren. Demnach gehört jede Folge $\vec{x}_n \in \Lambda(E)$ zu $[\Lambda(E)_{\mathfrak{S}(\Lambda^*)}]$.

Abschließend bemerken wir, daß jeder $\mathfrak{S}(E')$-folgenvollständige lokalkonvexe Raum E die in Satz 2.25 angeführte Eigenschaft besitzt.

2.10. Die normalen Hüllen der $\mathfrak{R}$-kompakten Teilmengen von $\Lambda(E)$

Ganz analog wie im Falle eines gewöhnlichen vollkommenen Folgenraumes ergibt sich

Satz 2.26. *Durch den Ansatz*

$$\boldsymbol{b}(\vec{\lambda}_n, \vec{x}_n) = \overrightarrow{\lambda_n x_n}$$

wird eine B-hyperstetige bilineare Abbildung $\boldsymbol{b}$ *von* $\Sigma_{\mathfrak{R}}^\infty \times [\Lambda(E)_{\mathfrak{N}}]$ *in* $\Lambda(E)_{\mathfrak{N}}$ *definiert.*[1])

Beweis. Ist N eine beliebige normale Menge aus $\mathfrak{N}$ und U eine Nullumgebung von E, so gilt

$$\boldsymbol{b}(B, (N, U) \cap [\Lambda(E)_{\mathfrak{N}}]) \subset (N, U). \tag{1}$$

Wir betrachten nun eine Folge $\vec{x}_n \in [\Lambda(E)_{\mathfrak{N}}]$ und zeigen, daß die Menge

$$K = \{\overrightarrow{\alpha_n \langle x_n, a\rangle} : \vec{\alpha}_n \in N \quad \text{und} \quad a \in U^0\}$$

zu $\mathfrak{R}$ gehört. Ist nämlich ϱ eine beliebige positive Zahl, so existiert eine natürliche Zahl i mit

$$\sum_{i+1}^\infty |\alpha_n \langle x_n, a\rangle| \leq 1 \quad \text{für} \quad \vec{\alpha}_n \in N \quad \text{und} \quad a \in (\varrho U)^0.$$

Demnach gilt

$$\varrho_{i+1} = \sup\left\{\sum_{i+1}^\infty |\alpha_n \langle x_n, a\rangle| : \vec{\alpha}_n \in N \quad \text{und} \quad a \in U^0\right\} \leq \varrho,$$

und man erkennt, daß die Folge $\vec{\varrho}_i$ gegen 0 konvergiert.

Hat man eine beliebige Folge $\vec{\lambda}_n \in K^0$, so besteht für $\vec{\alpha}_n \in N$ und $a \in U^0$ wegen $\overrightarrow{\alpha_n \langle x_n, a\rangle} \in K$ die Ungleichung

$$\left|\sum_1^\infty \lambda_n \alpha_n \langle x_n, a\rangle\right| \leq 1.$$

---

1) Vgl. Satz 1.16.

Folglich hat man

$$\overrightarrow{\lambda_n \langle x_n, a \rangle} \in N^0 \quad \text{für} \quad a \in U^0 \quad \text{oder} \quad \overrightarrow{\lambda_n x_n} \in (N, U).$$

Damit ist die Beziehung

$$\boldsymbol{b}(K^0, \vec{x}_n) \subset (N, U) \tag{2}$$

bewiesen.

Abschließend entnimmt man aus (1) und (2) die behauptete B-Hyperstetigkeit der bilinearen Abbildung $\boldsymbol{b}$.

Nun erhalten wir

Satz 2.27. *Die normale Hülle jeder (relativ) $\mathfrak{N}$-kompakten Teilmenge von $[\Lambda(E)_{\mathfrak{N}}]$ ist ebenfalls (relativ) $\mathfrak{N}$-kompakt.*[1])

Beweis. Weil die Einschränkung der bilinearen Abbildung $\boldsymbol{b}$ auf $B \times [\Lambda(E)_{\mathfrak{N}}]$ stetig ist, folgt unsere Behauptung unmittelbar aus der Beziehung

$$\boldsymbol{b}(B, \mathsf{K}) = \hat{\mathsf{K}}$$

und der Tatsache, daß B eine $\mathfrak{K}$-kompakte Teilmenge von Σ^∞ ist.[2])

Durch Zusammenfassung von Satz 2.17 und Satz 2.27 ergibt sich schließlich

Satz 2.28. *Die normale Hülle einer (relativ) $\mathfrak{N}$-kompakten Teilmenge K von $\Lambda(E)$ ist dann und nur dann ebenfalls (relativ) $\mathfrak{N}$-kompakt, wenn K in $[\Lambda(E)_{\mathfrak{N}}]$ liegt.*[3])

2.11. $\mathfrak{Q}$-kompakte Teilmengen von $[\Lambda(E)_{\mathfrak{Q}}]$

Für alle quasinormalen Topologien von $\Lambda(E)$ gilt

Satz 2.29. *Jede (relativ) $\mathfrak{Q}$-kompakte Teilmenge von $[\Lambda(E)_{\mathfrak{Q}}]$ ist sogar (relativ) $\hat{\mathfrak{Q}}$-kompakt.*[4])

Beweis. Aus Satz 2.2 folgt, daß $\overrightarrow{\langle x_n, a \rangle}$ für jede Folge $\vec{x}_n \in [\Lambda(E)_{\mathfrak{Q}}]$ und alle $a \in E'$ zu $[\Lambda_{\mathfrak{Q}}]$ gehört. Nun ergibt sich aus Satz 2.11, daß $\boldsymbol{f}(\mathsf{K}, U^0)$ für jede relativ $\mathfrak{Q}$-kompakte Teilmenge K von $[\Lambda(E)_{\mathfrak{Q}}]$ und alle Nullumgebungen U von E eine relativ $\mathfrak{Q}$-kompakte Teilmenge von $[\Lambda_{\mathfrak{Q}}]$ ist. Da dann die normale Hülle von $\boldsymbol{f}(\mathsf{K}, U^0)$ sogar relativ $\hat{\mathfrak{Q}}$-kompakt sein muß, folgt aus Satz 2.11, daß $\hat{\mathsf{K}}$ und somit erst recht K eine relativ $\hat{\mathfrak{Q}}$-kompakte Teilmenge von $[\Lambda(E)_{\mathfrak{Q}}]$ ist.

---

[1]) Vgl. Satz 1.17.

[2]) Wenn K nur relativ $\mathfrak{N}$-kompakt ist, geht man zur $\mathfrak{N}$-abgeschlossenen Hülle über, die wegen Satz 2.31 ebenfalls in $[\Lambda(E)]_{\mathfrak{N}}$ liegt.

[3]) Vgl. Satz 1.18.

[4]) Vgl. Satz 1.27.

Als einfache Folgerung aus Satz 2.29 erhalten wir eine Verallgemeinerung derjenigen Aussage, die bei gewöhnlichen vollkommenen Folgenräumen zur Definition der quasinormalen Topologien benutzt wurde.

Satz 2.30. *Für jede Folge* $\{\vec{x}_n^{[i]}\}$ *aus* $[\Lambda(E)_{\mathfrak{Q}}]$ *folgt aus* $\mathfrak{Q}\text{-}\lim_{i\to\infty} \vec{x}_n^{[i]} = \vec{x}_n$ *stets* $\hat{\mathfrak{Q}}\text{-}\lim_{i\to\infty} \vec{x}_n^{[i]} = \vec{x}_n$.[1])

Beweis. Wenn die Folge $\{\vec{x}_n^{[i]}\}$ aus $[\Lambda(E)_{\mathfrak{Q}}]$ in der $\mathfrak{Q}$-Topologie gegen $\vec{x}_n \in \Lambda(E)$ konvergiert, ist $\mathsf{K} = \{\vec{x}_n^{[i]} : i = 1, 2, \ldots\}$ eine relativ $\mathfrak{Q}$-kompakte und somit auch relativ $\hat{\mathfrak{Q}}$-kompakte Teilmenge von $[\Lambda(E)_{\mathfrak{Q}}]$. Nun ergibt sich wegen der komponentenweisen Konvergenz aus Satz 2.5 die Beziehung

$$\hat{\mathfrak{Q}}\text{-}\lim_{i\to\infty} \vec{x}_n^{[i]} = \vec{x}_n.$$

Abschließend erwähnen wir, daß auf Grund von Satz 2.29 die Sätze 2.27 und 2.28 auch für quasinormale Topologien gelten.

2.12. Abschnittskonvergenz in $\Lambda(E)$

An erster Stelle beweisen wir

Satz 2.31. $[\Lambda(E)_{\mathfrak{N}}]$ *ist ein* $\mathfrak{N}$*-abgeschlossener Unterraum von* $\Lambda(E)$.[2])

Beweis. Wenn die Folge $\vec{x}_n \in \Lambda(E)$ in der $\mathfrak{N}$-abgeschlossenen Hülle von $[\Lambda(E)_{\mathfrak{N}}]$ liegt, gibt es zu jeder normalen Menge $N \in \mathfrak{N}$ und jeder Nullumgebung U von E eine Folge $\vec{y}_n \in [\Lambda(E)_{\mathfrak{N}}]$ mit

$$\vec{x}_n - \vec{y}_n \in \frac{1}{2}(N, U).$$

Folglich gilt die Ungleichung

$$\sum_1^\infty |\alpha_n\langle x_n - y_n, a\rangle| \leq \frac{1}{2} \quad \text{für} \quad \vec{\alpha}_n \in N \quad \text{und} \quad a \in U^0.$$

Wenn wir nun noch eine natürliche Zahl i mit

$$\sum_{i+1}^\infty |\alpha_n\langle y_n, a\rangle| \leq \frac{1}{2} \quad \text{für} \quad \vec{\alpha}_n \in N \quad \text{und} \quad a \in U^0$$

bestimmen, ergibt sich für $\vec{\alpha}_n \in N$ und $a \in U^0$

$$\sum_{i+1}^\infty |\alpha_n\langle x_n, a\rangle| \leq \sum_{i+1}^\infty |\alpha_n\langle x_n - y_n, a\rangle| + \sum_{i+1}^\infty |\alpha_n\langle y_n, a\rangle| \leq 1\,.$$

Damit ist bewiesen, daß die Folge $\vec{x}_n$ zu $[\Lambda(E)_{\mathfrak{N}}]$ gehört.

---

[1]) Dabei ist $\vec{x}_n$ eine Folge aus $\Lambda(E)$.

[2]) Vgl. Satz 1.14.

Als einfache Folgerung aus Satz 2.31 erhalten wir

Satz 2.32. *$[\Lambda(E)_{\mathfrak{Q}}]$ ist ein $\mathfrak{Q}$-folgenabgeschlossener Unterraum von $\Lambda(E)$.*[1])

Beweis. Ist $\{\vec{x}_n^{[i]}\}$ eine Folge aus $[\Lambda(E)_{\mathfrak{Q}}]$, die in der $\mathfrak{Q}$-Topologie gegen $\vec{x}_n \in \Lambda(E)$ konvergiert, so ergibt sich aus Satz 2.30 die Beziehung $\hat{\mathfrak{Q}}\text{-}\lim\limits_{i\to\infty} \vec{x}_n^{[i]} = \vec{x}_n$. Da aber

$$[\Lambda(E)_{\mathfrak{Q}}] = [\Lambda(E)_{\hat{\mathfrak{Q}}}]$$

ein $\hat{\mathfrak{Q}}$-abgeschlossener Unterraum von $\Lambda(E)$ ist, hat man $\vec{x}_n \in [\Lambda(E)_{\mathfrak{Q}}]$.

Wenn man mit $\{\Lambda(E)_{\mathfrak{M}}\}$ die Gesamtheit aller Folgen $\vec{x}_n \in \Lambda(E)$ bezeichnet, für die $\mathfrak{M}\text{-}\lim\limits_{i\to\infty} \vec{x}_n(\leq i) = \vec{x}_n$ gilt, so ergeben sich genauso wie im Falle eines gewöhnlichen vollkommenen Folgenraumes die beiden nachstehenden Sätze.

Satz 2.33. *Es gilt* $\{\Lambda(E)_{\mathfrak{Q}}\} = [\Lambda(E)_{\mathfrak{Q}}]$.[2])

Satz 2.34. *Es gilt*

$$[\Lambda(E)_{\mathfrak{M}}] = [\Lambda(E)_{\hat{\mathfrak{M}}}] = \{\Lambda(E)_{\hat{\mathfrak{M}}}\} \subset \{\Lambda(E)_{\mathfrak{M}}\}.^{3)}$$

2.13. Vollständigkeit von $\Lambda(E)_{\mathfrak{M}}$

Für jede $\mathfrak{M}$-Topologie gilt

Satz 2.35. *$\Lambda(E)_{\mathfrak{M}}$ ist (folgen-)vollständig, wenn $\Lambda_{\mathfrak{M}}$ und E (folgen-)vollständig sind.*

Beweis. Wir betrachten eine beliebige verallgemeinerte $\mathfrak{M}$-Cauchy-Folge $\{\vec{x}_n^{[\nu]}\}$ aus $\Lambda(E)$. Nach Satz 2.1 ist dann $\{x_n^{[\nu]}\}$ für $n = 1, 2, \ldots$ eine verallgemeinerte Cauchy-Folge in E, die wegen der vorausgesetzten Vollständigkeit von E gegen ein Element $x_n \in E$ konvergiert. Es gilt dann für $a \in E'$ stets

$$\lim_{\nu} \langle x_n^{[\nu]}, a\rangle = \langle x_n, a\rangle. \tag{1}$$

Andererseits ist $\{\overrightarrow{\langle x_n^{[\nu]}, a\rangle}\}$ nach Satz 2.2 für jedes $a \in E'$ eine verallgemeinerte $\mathfrak{M}$-Cauchy-Folge in Λ, die wegen der $\mathfrak{M}$-Vollständigkeit von Λ gegen eine Folge $\vec{\xi}_n(a) \in \Lambda$ konvergieren muß. Es gilt demnach

$$\mathfrak{M}\text{-}\lim_{\nu} \overrightarrow{\langle x_n^{[\nu]}, a\rangle} = \vec{\xi}_n(a). \tag{2}$$

Auf Grund der komponentenweisen Konvergenz ergibt sich

$$\langle x_n, a\rangle = \lim_{\nu} \langle x_n^{[\nu]}, a\rangle = \xi_n(a). \tag{3}$$

---

[1]) Vgl. Satz 1.26.
[2]) Vgl. Satz 1.30.
[3]) Vgl. Satz 1.31.

Folglich gilt $\overrightarrow{\langle x_n, a\rangle} = \vec{\xi}_n(a) \in \Lambda$. Damit haben wir gezeigt, daß die Folge $\vec{x}_n$ zu $\Lambda(E)$ gehört.

Wir beweisen nun, daß die verallgemeinerte $\mathfrak{M}$-Cauchy-Folge in der $\mathfrak{M}$-Topologie gegen $\vec{x}_n$ konvergiert. Zu diesem Zweck betrachten wir eine beliebige Nullumgebung (M, U) von $\Lambda(E)$. Nach Voraussetzung existiert dann ein ν_0 mit

$$\vec{x}_n^{[\nu]} - \vec{x}_n^{[\nu']} \in (M, U) \quad \text{für} \quad \nu,\nu' \geq \nu_0 \tag{4}$$

oder

$$\overrightarrow{\langle x_n^{[\nu]}, a\rangle} - \overrightarrow{\langle x_n^{[\nu']}, a\rangle} \in M^0 \quad \text{für} \quad a \in U^0 \quad \text{und} \quad \nu, \nu' \geq \nu_0. \tag{5}$$

Da M^0 in $\Lambda_{\mathfrak{M}}$ abgeschlossen ist, ergibt sich aus (2) und (5) durch Grenzübergang die Beziehung

$$\overrightarrow{\langle x_n^{[\nu]}, a\rangle} - \overrightarrow{\langle x_n, a\rangle} \in M^0 \quad \text{für} \quad a \in U^0 \quad \text{und} \quad \nu \geq \nu_0 \tag{6}$$

oder

$$\overrightarrow{x_n^{[\nu]}} - \vec{x}_n \in (M, U) \quad \text{für} \quad \nu \geq \nu_0. \tag{7}$$

Folglich gilt die Beziehung $\mathfrak{M}\text{-}\lim_{\nu} \vec{x}_n^{[\nu]} = \vec{x}_n$, und die behauptete $\mathfrak{M}$-Vollständigkeit von $\Lambda(E)$ ist bewiesen.

Wenn $\Lambda_{\mathfrak{M}}$ und E nur als folgenvollständig vorausgesetzt werden, ergibt sich auf die gleiche Weise die $\mathfrak{M}$-Folgenvollständigkeit von $\Lambda(E)$.

Durch eine geringfügige Modifikation des Beweises von Satz 2.35 erhält man

Satz 2.36. *$[\Lambda(E)_{\mathfrak{M}}]$ ist (folgen)vollständig, wenn $[\Lambda_{\mathfrak{M}}]$ und E (folgen)vollständig sind.*

Nun formulieren wir einige Spezialfälle der soeben bewiesenen Sätze.

Satz 2.37. *$\Lambda(E)_{\mathfrak{N}}$ ist (folgen)vollständig, wenn E (folgen)vollständig ist.*[1])

Satz 2.38. *$[\Lambda(E)_{\mathfrak{N}}]$ ist (folgen)vollständig, wenn E (folgen)vollständig ist.*[2])

Satz 2.39. *$[\Lambda(E)_{\mathfrak{Q}}]$ ist folgenvollständig, wenn E folgenvollständig ist.*[3])

2.14. Darstellung von $[\Lambda(E)_{\mathfrak{M}}]$ als $\mathbf{L}([\Lambda^*_{\mathfrak{M}^\bullet}], E)$

In diesem Abschnitt zeigen wir, daß die Folgen aus $[\Lambda(E)_{\mathfrak{M}}]$ zur Darstellung der stetigen linearen Abbildungen von $[\Lambda^*_{\mathfrak{M}^\bullet}]$ in E verwendet werden können.

Satz 2.40. *Jede stetige lineare Abbildung $X \in \mathbf{L}([\Lambda^*_{\mathfrak{M}^\bullet}], E)$ kann auf eindeutige Weise in der Form*

$$X(\vec{\alpha}_n) = \sum_{1}^{\infty} \alpha_l x_l \quad \textit{mit} \quad \vec{x}_l \in [\Lambda(E)_{\mathfrak{M}}]$$

dargestellt werden.[4])

---

[1]) Vgl. Satz 1.13.

[2]) Vgl. Satz 1.15.

[3]) Vgl. Satz 1.25.

[4]) Verallgemeinerung von Satz 1.47.

Beweis. Falls eine Abbildung $X \in \mathbf{L}([\Lambda^*_{\mathfrak{M}^*}], E)$ die Form

$$X(\vec{\alpha}_n) = \sum_1^\infty \alpha_l x_l$$

hat, ergibt sich

$$X(\vec{\varepsilon}_n(h)) = x_h.$$

Die Folge $\vec{x}_l$ ist demnach durch X eindeutig bestimmt. Wir bilden deshalb für jede Abbildung $X \in \mathbf{L}([\Lambda^*_{\mathfrak{M}^*}], E)$ die Folge $\vec{x}_l$ mit $x_l = X(\vec{\varepsilon}_n(l))$. Dann gilt wegen Satz 1.31 für alle $\vec{\alpha}_n \in [\Lambda^*_{\mathfrak{M}^*}]$ die Beziehung

$$X(\vec{\alpha}_n) = \lim_{i\to\infty} X(\vec{\alpha}_n(\leq i)) = \lim_{i\to\infty} \sum_{l=1}^{i} \alpha_l X(\vec{\varepsilon}_n(l)) = \sum_1^\infty \alpha_l x_l.$$

Weil X eine stetige lineare Abbildung von $[\Lambda^*_{\mathfrak{M}^*}]$ in E ist, existiert zu jeder Nullumgebung U von E eine Menge $N \in \mathfrak{M}^*$, so daß

$$\sum_1^\infty \alpha_l x_l \in U \qquad \text{für} \qquad \vec{\alpha}_l \in N^0 \cap [\Lambda^*_{\mathfrak{M}^*}]$$

gilt. Wegen $N \in \mathfrak{M}^*$ gibt es zu jeder Menge $M \in \mathfrak{M}$ eine natürliche Zahl i mit

$$\sum_{i+1}^\infty |\alpha_l \xi_l| \leq 1 \qquad \text{für} \qquad \vec{\alpha}_l \in M \qquad \text{und} \qquad \vec{\xi}_l \in N.$$

Wir bestimmen nun zu jeder Folge $\vec{\alpha}_l \in M$ und $a \in U^0$ eine Folge $\vec{\lambda}_l$ mit $|\lambda_l| = 1$ und $\lambda_l \alpha_l \langle x_l, a\rangle = |\alpha_l \langle x_l, a\rangle|$. Dann hat man

$$\overrightarrow{\lambda_l \alpha_l}(> i) \in N^0 \cap [\Lambda^*_{\mathfrak{M}^*}].$$

Folglich gilt die Beziehung

$$\sum_{i+1}^\infty \lambda_l \alpha_l x_l \in U,$$

und es ergibt sich die Ungleichung

$$\sum_{i+1}^\infty |\alpha_l \langle x_l, a\rangle| = \left|\sum_{i+1}^\infty \lambda_l \alpha_l \langle x_l, a\rangle\right| \leq 1 \qquad \text{für} \qquad \vec{\alpha}_l \in M \qquad \text{und} \qquad a \in U^0.$$

Also gehört die Folge $\vec{x}_l$ zu $[\Lambda(E)_{\mathfrak{M}}]$.

Die Umkehrung von Satz 2.40 läßt sich nur unter einer zusätzlichen Voraussetzung über E beweisen. Es gilt

Satz 2.41. *Wenn E folgenvollständig ist, wird jeder Folge $\vec{x}_l \in [\Lambda(E)_{\mathfrak{M}}]$ durch den Ansatz*

$$X(\vec{\alpha}_n) = \sum_1^\infty \alpha_l x_l$$

eine stetige lineare Abbildung X von $[\Lambda^*_{\mathfrak{M}^*}]$ in E zugeordnet.[1])

Beweis. Aus Satz 2.18 folgt die Aussage $\vec{x}_l \in [\Lambda(E)_{\mathfrak{M}^{**}}]$. Da $N(\vec{\alpha}_l)$ für jede Folge $\vec{\alpha}_l \in [\Lambda^*_{\mathfrak{M}^*}]$ zu $\mathfrak{M}^{**}$ gehört, gibt es nach Satz 2.14 zu jeder absolutkonvexen und abgeschlossenen Nullumgebung U von E eine natürliche Zahl i mit

$$\sum_{i+1}^\infty |\alpha_l \langle x_l, a\rangle| \leq 1 \quad \text{für} \quad a \in U^0.$$

Folglich besteht die Beziehung

$$\sum_{p+1}^q \alpha_l x_l \in U^{00} = U \quad \text{für} \quad q > p \geq i.$$

Damit ist bewiesen, daß die Reihe $\sum_1^\infty \alpha_l x_l$ in dem folgenvollständigen lokalkonvexen Raum E konvergieren muß, und wir können durch den Ansatz

$$X(\vec{x}_n) = \sum_1^\infty \alpha_l x_l$$

eine lineare Abbildung X von $[\Lambda^*_{\mathfrak{M}^*}]$ in E definieren.

Wir zeigen nun, daß X sogar stetig ist. Zu diesem Zweck betrachten wir eine beliebige absolutkonvexe und abgeschlossene Nullumgebung U von E. Dann ist $N = \boldsymbol{f}(\mathsf{N}(\vec{x}_l), U^0)$ eine normale $\mathfrak{M}$-kompakte Teilmenge von Λ. Folglich gehört N zu $\mathfrak{M}^*$.

Nun ergibt sich wegen $\overrightarrow{\langle x_l, a\rangle} \in N$ für $a \in U^0$ die Ungleichung

$$\left|\left\langle \sum_1^\infty \alpha_l x_l, a\right\rangle\right| = \left|\sum_1^\infty \alpha_l \langle x_l, a\rangle\right| \leq 1 \quad \text{für} \quad a \in U^0 \quad \text{und} \quad \vec{\alpha}_l \in N^0 \cap [\Lambda^*_{\mathfrak{M}^*}].$$

Demnach hat man

$$\sum_1^\infty \alpha_l x_l \in U^{00} = U \quad \text{für} \quad \vec{\alpha}_l \in N^0 \cap [\Lambda^*_{\mathfrak{M}^*}].$$

Damit ist die behauptete Stetigkeit der Abbildung X bewiesen.

Durch Zusammenfassung von Satz 2.40 und Satz 2.41 erhalten wir schließlich

Satz 2.42. *Wenn E folgenvollständig ist, wird durch die Zuordnung $X \longleftrightarrow \vec{x}_l$ eine eineindeutige lineare Beziehung zwischen $\mathbf{L}([\Lambda^*_{\mathfrak{M}^*}], E)$ und $[\Lambda(E)_{\mathfrak{M}}]$ gegeben.*[2])

---

[1]) Verallgemeinerung von Satz 1.48.
[2]) Verallgemeinerung von Satz 1.49.

Weil jede Menge $M \in \mathfrak{M}$ in $[\Lambda^*_{\mathfrak{M}^*}]$ enthalten ist, kann man auf $\mathbf{L}([\Lambda^*_{\mathfrak{M}^*}], E)$ die Topologie der gleichmäßigen Konvergenz auf den Mengen $M \in \mathfrak{M}$ einführen. Ein Fundamentalsystem von Nullumgebungen des lokalkonvexen Raumes $\mathbf{L}_{\mathfrak{M}}([\Lambda^*_{\mathfrak{M}^*}], E)$ wird dann durch die Mengen

$$(M, U)_{\mathfrak{M}} = \{X : X \in \mathbf{L}([\Lambda^*_{\mathfrak{M}^*}], E) \quad \text{mit} \quad X(M) \subset U\}$$

gebildet. Da für jede absolutkonvexe und abgeschlossene Nullumgebung U von E die Aussagen

$$X \in (M, U)_{\mathfrak{M}} \qquad \text{und} \qquad \vec{x}_n \in (M, U) \cap [\Lambda(E)_{\mathfrak{M}}]$$

äquivalent sind, besteht zwischen $\mathbf{L}_{\mathfrak{M}}([\Lambda^*_{\mathfrak{M}^*}], E)$ und $[\Lambda(E)_{\mathfrak{M}}]$ nicht nur algebraische sondern auch topologische Isomorphie.

Als Folgerung aus Satz 2.41 erhalten wir

Satz 2.43. *Wenn E folgenvollständig ist, wird durch den Ansatz*

$$\mathbf{g}(\vec{\alpha}_n, x_n) = \sum_1^\infty \alpha_n x_n$$

eine $\mathfrak{M}$-hyperstetige bilineare Abbildung $\mathbf{g}$ von $[\Lambda^*_{\mathfrak{M}^*}] \times [\Lambda(E)_{\mathfrak{M}}]$ in E definiert.

Beweis. Ist U eine beliebige Nullumgebung von E, so existiert zu jedem $\vec{x}_n \in [\Lambda(E)_{\mathfrak{M}}]$ wegen der Stetigkeit der Abbildung X mit $X(\vec{\alpha}_n) = \sum_1^\infty \alpha_n x_n$ eine Nullumgebung W von $[\Lambda^*_{\mathfrak{M}^*}]$ mit $X(W) \subset U$. Daraus ergibt sich aber die Beziehung

$$\mathbf{g}(W, \vec{x}_n) \subset U. \tag{1}$$

Ist U eine beliebige absolutkonvexe und abgeschlossene Nullumgebung von E, so gilt für jede Menge $M \in \mathfrak{M}$ die Beziehung

$$\mathbf{g}(M, (M, U) \cap [\Lambda(E)_{\mathfrak{M}}]) \subset U. \tag{2}$$

Wegen $\overrightarrow{\langle x_n, a\rangle} \in M^0$ für $a \in U^0$ und $\vec{x}_n \in (M, U) \cap [\Lambda(E)_{\mathfrak{M}}]$ ergibt sich nämlich für $\vec{\alpha}_n \in M$ die Ungleichung

$$\left|\sum_1^\infty \alpha_n \langle x_n, a\rangle\right| \leq 1.$$

Daraus folgt aber $\sum_1^\infty \alpha_n x_n \subset U^{00} = U$.

Abschließend entnimmt man aus (1) und (2) die behauptete $\mathfrak{M}$-Hyperstetigkeit der bilinearen Abbildung $\mathbf{g}$.

2.15. Darstellung von $[\Lambda(E)_{\mathfrak{Q}}]$ als $\mathsf{L}(E'_{\mathfrak{C}(E)}, [\Lambda_{\mathfrak{Q}}])$

Wir wollen nun anstelle der Abbildungen X mit $X(\vec{\alpha}_n) = \sum_1^\infty \alpha_n x_n$ die dualen Abbildungen X' mit $X'(a) = \overrightarrow{\langle x_n, a\rangle}$ betrachten. Dabei erweist es sich als notwendig, den zugrunde liegenden lokalkonvexen Raum E als quasivollständig vorauszusetzen. Ist dann $\mathfrak{C}(E)$ die Gesamtheit der relativ kompakten Teilmengen von E, so gilt für die $\mathfrak{C}(E)$-Topologie von E' die Beziehung $(E'_{\mathfrak{C}(E)})' = E$.[1])

Nun formulieren wir

Satz 2.44. *Wenn E quasivollständig ist, wird jeder Folge $\vec{x}_n \in [\Lambda(E)_{\mathfrak{M}}]$ durch den Ansatz*

$$X'(a) = \overrightarrow{\langle x_n, a\rangle}$$

eine stetige lineare Abbildung X' von $E'_{\mathfrak{C}(E)}$ in $[\Lambda_{\mathfrak{M}}]$ zugeordnet.

Beweis. Da für $a \in E'$ stets $\overrightarrow{\langle x_n, a\rangle} \in [\Lambda_{\mathfrak{M}}]$ gilt, ist X' eine lineare Abbildung von E' in $[\Lambda_{\mathfrak{M}}]$. Wenn man nun eine beliebige Menge $M \in \mathfrak{M}$ betrachtet und $C = X(M)$ setzt, so gilt $X'(C^0) \subset M^0$. Damit ist aber die behauptete Stetigkeit von X' bewiesen, denn C gehört als stetiges Bild $X(M)$ der relativ $\mathfrak{M}^*$-kompakten Menge M zu $\mathfrak{C}(E)$.

Als Umkehrung von Satz 2.44. erhalten wir

Satz 2.45. *Wenn E quasivollständig ist, kann jede stetige lineare Abbildung $X' \in \mathsf{L}(E'_{\mathfrak{C}(E)}, [\Lambda_{\mathfrak{Q}}])$ auf eindeutige Weise in der Form*

$$X'(a) = \overrightarrow{\langle x_n, a\rangle} \qquad \textit{mit} \qquad \vec{x}_n \in [\Lambda(E)_{\mathfrak{Q}}]$$

dargestellt werden.

Beweis. Ist X' eine Abbildung aus $\mathsf{L}(E'_{\mathfrak{C}(E)}, [\Lambda_{\mathfrak{Q}}])$, so muß $\langle \vec{\varepsilon}_n(l), X'(a)\rangle$ eine stetige Linearform auf $E'_{\mathfrak{C}(E)}$ sein. Deshalb gibt es ein eindeutig bestimmtes Element $x_l \in E$ mit $\langle x_l, a\rangle = \langle \vec{\varepsilon}_n(l), X'(a)\rangle$. Folglich gilt

$$X'(a) = \overrightarrow{\langle x_n, a\rangle}.$$

Da X' eine stetige lineare Abbildung von $E'_{\mathfrak{C}(E)}$ in $[\Lambda_{\mathfrak{Q}}]$ ist, muß $f(\vec{x}_n, U^0) = X'(U^0)$ für jede Nullumgebung U von E eine $\mathfrak{Q}$-kompakte Teilmenge von $[\Lambda_{\mathfrak{Q}}]$ sein, denn U^0 ist $\mathfrak{C}(E)$-kompakt.[2]) Nun folgt aus Satz 2.11 die Aussage $\vec{x}_n \in [\Lambda(E)_{\mathfrak{Q}}]$, denn nach Satz 1.28 ist die normale Hülle von $f(\vec{x}_n, U^0)$ eine relativ $\mathfrak{Q}$-kompakte Teilmenge von $[\Lambda_{\mathfrak{Q}}]$.

---

[1]) Vgl. [20], S. 266.
[2]) Vgl. [20], S. 266.

Durch Zusammenfassung von Satz 2.44 und Satz 2.45 erhalten wir schließlich

Satz 2.46. *Wenn E quasivollständig ist, wird durch die Zuordnung $X' \longleftrightarrow \vec{x}_n$ eine eineindeutige lineare Beziehung zwischen $\mathbf{L}(E'_{\mathfrak{C}(E)}, [\Lambda_{\mathfrak{Q}}])$ und $[\Lambda(E)_{\mathfrak{Q}}]$ gegeben.*[1])

Ohne Beweis geben wir nun noch eine Folgerung aus Satz 2.44. an, die als Spezialfall von Satz 2.9. angesehen werden kann.

Satz 2.47. *Wenn E quasivollständig ist, wird durch den Ansatz*

$$f(\vec{x}_n, a) = \overrightarrow{\langle x_n, a\rangle}$$

eine $\mathfrak{U}^0$-hyperstetige bilineare Abbildung f von $[\Lambda(E)_{\mathfrak{M}}] \times E'_{\mathfrak{C}(E)}$ in $[\Lambda_{\mathfrak{M}}]$ definiert.[2])

Der folgende Satz ist eine Ergänzung zu Satz 2.44.

Satz 2.48. *Für jede Folge $\vec{x}_n \in \Lambda(E)$ wird durch den Ansatz*

$$X'(a) = \overrightarrow{\langle x_n, a\rangle}$$

eine stetige lineare Abbildung X' von $E'_{\mathfrak{B}(E)}$ in $\Lambda_{\mathfrak{B}(\Lambda^*)}$ definiert.

Beweis. Ist B eine beliebige beschränkte Teilmenge von Λ^*, so ist $W(\vec{x}_n, B)$ eine absolutkonvexe, $\mathfrak{S}(E)$-abgeschlossene und absorbierende Teilmenge von E'. Folglich muß $A = W(\vec{x}_n, B)^0$ eine beschränkte Teilmenge von E sein, für die sich aus dem Bipolarensatz die Beziehung $W(\vec{x}_n, B) = W(\vec{x}_n, B)^{00} = A^0$ ergibt. Deshalb gilt $X'(A^0) \subset B^0$, und die behauptete Stetigkeit der linearen Abbildung X' ist bewiesen.

Aus den vorangehenden Untersuchungen ergeben sich noch zwei interessante Sätze, die in Verbindung mit Satz 2.25 als Gegenstücke zu Satz 2.19 angesehen werden können.

Satz 2.49. *Wenn in dem quasivollständigen lokalkonvexen Raum E jede relativ $\mathfrak{S}(E')$-kompakte Teilmenge sogar relativ kompakt ist, gilt für jeden vollkommenen Folgenraum Λ*

$$[\Lambda(E)_{\mathfrak{K}(\Lambda^*)}] = [\Lambda(E)_{\mathfrak{S}(\Lambda^*)}].$$

Beweis. Wegen $\mathfrak{S}(\Lambda^*) \subset \mathfrak{K}(\Lambda^*)$ hat man

$$[\Lambda(E)_{\mathfrak{K}(\Lambda^*)}] \subset [\Lambda(E)_{\mathfrak{S}(\Lambda^*)}].$$

Zum Beweis der umgekehrten Aussage betrachten wir eine beliebige Folge $\vec{x}_n \in [\Lambda(E)_{\mathfrak{S}(\Lambda^*)}]$. Dann wird durch den Ansatz

$$X(\vec{\alpha}_n) = \sum_1^\infty \alpha_n x_n$$

[1]) Damit ist die Verbindung zu der Schwartzschen Theorie des ε-Produktes von zwei lokalkonvexen Räumen hergestellt, vgl. [26].

[2]) $\mathfrak{U}^0 = \{U^0 : U \in \mathfrak{U}\}$, $\mathfrak{U}$ ist ein Fundamentalsystem von Nullumgebungen.

eine stetige lineare Abbildung X von $[\Lambda^*_{\mathfrak{K}(\Lambda)}]$ in E definiert. Folglich ist X auch eine stetige lineare Abbildung von $[\Lambda^*_{\mathfrak{S}(\Lambda)}]$ in $E_{\mathfrak{S}(E')}$. Da jede Menge $K \in \mathfrak{K}(\Lambda^*)$ relativ $\mathfrak{S}(\Lambda)$-kompakt ist, muß $C = X(K)$ eine relativ $\mathfrak{S}(E')$-kompakte Teilmenge von E sein. Folglich gilt $C \in \mathfrak{C}(E)$. Da man beim Übergang zu der dualen Abbildung X' die Beziehung $X'(C^0) \subset K^0$ erhält, muß X' zu $\mathbf{L}(E'_{\mathfrak{C}(E)}, [\Lambda_{\mathfrak{K}(\Lambda^*)}])$ gehören. Nun ergibt sich wegen Satz 2.45 die Aussage $\vec{x}_n \in [\Lambda(E)_{\mathfrak{K}(\Lambda^*)}]$.

Satz 2.50. *Wenn in E jede beschränkte Teilmenge sogar relativ kompakt ist, gilt stets*

$$[\Lambda(E)_{\mathfrak{K}(\Lambda^*)}] = \Lambda(E),$$

und eine Folge $\vec{x}_n \in \Lambda(E)$ gehört dann und nur dann zu $[\Lambda(E)_{\mathfrak{B}(\Lambda^*)}]$, wenn sie skalar in $[\Lambda_{\mathfrak{B}(\Lambda^*)}]$ liegt.[1])

Beweis. Ist $\vec{x}_n$ eine beliebige Folge aus $\Lambda(E)$, so wird nach Satz 2.48 durch den Ansatz

$$X'(a) = \overrightarrow{\langle x_n, a\rangle}$$

eine stetige lineare Abbildung X' von $E'_{\mathfrak{B}(E)}$ in $\Lambda_{\mathfrak{B}(\Lambda^*)}$ definiert. Da aber nach Voraussetzung $\mathfrak{B}(E) = \mathfrak{C}(E)$ gilt, gehört X' zu $\mathbf{L}(E'_{\mathfrak{C}(E)}, [\Lambda_{\mathfrak{K}(\Lambda^*)}])$, und es ergibt sich aus Satz 2.45 die Aussage $\vec{x}_n \in [\Lambda(E)_{\mathfrak{K}(\Lambda^*)}]$. Also gilt wie behauptet

$$[\Lambda(E)_{\mathfrak{K}(\Lambda^*)}] = \Lambda(E).$$

Liegt die Folge $\vec{x}_n$ sogar skalar in $[\Lambda_{\mathfrak{B}(\Lambda^*)}]$, so hat man $X' \in \mathbf{L}(E'_{\mathfrak{C}(E)}, [\Lambda_{\mathfrak{B}(\Lambda^*)}])$, und es folgt wiederum aus Satz 2.45, daß die Folge $\vec{x}_n$ zu $[\Lambda(E)_{\mathfrak{B}(\Lambda^*)}]$ gehört. Umgekehrt liegt natürlich jede Folge $\vec{x}_n \in [\Lambda(E)_{\mathfrak{B}(\Lambda^*)}]$ skalar in $[\Lambda_{\mathfrak{B}(\Lambda^*)}]$.

2.16. Darstellung von $[\Lambda(E)_{\mathfrak{Q}}]$ als topologisches Tensorprodukt

Sind F und G zwei lokalkonvexe Räume, so versteht man unter dem *algebraischen Tensorprodukt* $F \otimes G$ bekanntlich den linearen Raum aller formalen endlichen Summen der Form

$$\sum \lambda_i (y_i \otimes z_i) \qquad \text{mit} \qquad y_i \in F \qquad \text{und} \qquad z_i \in G,$$

wobei die folgenden Ausdrücke identifiziert werden:

$$(y_1 + y_2) \otimes z = y_1 \otimes z + y_2 \otimes z, \quad y \otimes (z_1 + z_2) = y \otimes z_1 + y \otimes z_2,$$
$$(\lambda y) \otimes z = y \otimes (\lambda z) = \lambda (y \otimes z).$$

---

[1]) Satz 2.50 gilt schon dann, wenn in E jede beschränkte Teilmenge nur präkompakt ist.

Wenn man auf $F \otimes G$ ein Fundamentalsystem von Nullumgebungen erzeugt, indem man die Mengen

$$\{V, W\} = \{\sum \lambda_i (y_i \otimes z_i) : |\sum \lambda_i \langle y_i, v\rangle \langle z_i, w\rangle| \leq 1 \quad \text{mit} \quad v \in V^0 \quad \text{und} \quad w \in W^0\}$$

bildet, wobei V bzw. W alle Nullumgebungen von F bzw. G durchläuft, erhält man auf $F \otimes G$ die lokalkonvexe *biprojektive Topologie.*[1]) Der so entstandene lokalkonvexe Raum wird mit $F \otimes_\varepsilon G$ bezeichnet.[2])

Im folgenden wollen wir unter dem *folgenvollständigen biprojektiven Tensorprodukt* $\overline{F \otimes_\varepsilon G}$ von F und G die folgenvollständige Hülle von $F \otimes_\varepsilon G$ verstehen. Es sei bemerkt, daß $\overline{F \otimes_\varepsilon G}$ bis auf Isomorphie eindeutig bestimmt ist.

Wir untersuchen nun das folgenvollständige biprojektive Tensorprodukt des Folgenraumes $[\Lambda_{\mathfrak{Q}}]$ mit einem folgenvollständigen lokalkonvexen Raum E.

Als erstes zeigen wir, daß die durch den Ansatz

$$H\left(\sum_i \lambda_i (\vec{\xi}_n^{[i]} \otimes x_i)\right) = \sum_i \overrightarrow{\lambda_i \xi_n^{[i]} x_i}$$

definierte lineare Abbildung H von $[\Lambda_{\mathfrak{Q}}] \otimes E$ in $[\Lambda(E)_{\mathfrak{Q}}]$ eineindeutig ist. Gilt nämlich $H\left(\sum_i \lambda_i (\vec{\xi}_n^{[i]} \otimes x_i)\right) = \vec{o}$, so bestimmen wir endlich viele linear unabhängige Elemente $f_j \in E$, so daß sich alle x_i in der Form $x_i = \sum_i \lambda_{ij} f_j$ darstellen lassen. Aus $\sum_i \overrightarrow{\lambda_i \xi_n^{[i]} x_i} = \vec{o}$ ergeben sich dann die Relationen

$$\sum_i \lambda_i \xi_n^{[i]} \lambda_{ij} = 0.$$

Daraus folgt aber

$$\sum_i \lambda_i (\vec{\xi}_n^{[i]} \otimes x_i) = \sum_j \left(\sum_i \lambda_i \vec{\xi}_n^{[i]} \lambda_{ij}\right) \otimes f_j = 0.$$

Ist Q eine beliebige Menge aus $\mathfrak{Q}$ und U eine Nullumgebung von E, so hat man

$$\{Q^0 \cap [\Lambda_{\mathfrak{Q}}], U\} = \{\sum_i \lambda_i \vec{\xi}_n^{[i]} \otimes x_i : \sum_i \overrightarrow{\lambda_i \xi_n^{[i]} \langle x_i, a\rangle} \in Q^0 \quad \text{für} \quad a \in U^0\}.^{3)}$$

Deshalb besteht die Beziehung

$$H\{Q^0 \cap [\Lambda_{\mathfrak{Q}}], U\} = (Q, U) \cap H([\Lambda_{\mathfrak{Q}}] \otimes E),$$

aus der man entnehmen kann, daß die eineindeutige lineare Abbildung H von $[\Lambda_{\mathfrak{Q}}] \otimes_\varepsilon E$ in $[\Lambda(E)_{\mathfrak{Q}}]$ in beiden Richtungen stetig ist.

---

[1]) Vgl. [19].

[2]) Vgl. [26].

[3]) Da $V = Q^0 \cap [\Lambda_{\mathfrak{Q}}]$ eine absolutkonvexe und abgeschlossene Nullumgebung von $[\Lambda_{\mathfrak{Q}}]$ ist, folgt die angegebene Relation unmittelbar aus dem Bipolarensatz.

Abschließend folgt aus der für alle $\vec{x}_n \in [\Lambda(E)_{\mathfrak{Q}}]$ gültigen Beziehung

$$\vec{x}_n = \mathfrak{Q}\text{-}\lim_{i\to\infty} \vec{x}_n(\leq i) = \mathfrak{Q}\text{-}\lim_{i\to\infty} \sum_{l=1}^{i} \vec{\varepsilon}_n(l) x_l = \mathfrak{Q}\text{-}\lim_{i\to\infty} H\left(\sum_{l=1}^{i} \vec{\varepsilon}_n(l) \otimes x_l\right),$$

daß $H([\Lambda_{\mathfrak{Q}}] \otimes E)$ ein folgendichter linearer Unterraum von $[\Lambda(E)_{\mathfrak{Q}}]$ ist.

Als Zusammenfassung der soeben bewiesenen Aussagen formulieren wir

Satz 2.51. *Für jeden folgenvollständigen lokalkonvexen Raum E kann die Abbildung*

$$H\Big(\sum_i \lambda_i (\vec{\xi}_n^{[i]} \otimes x_i)\Big) = \sum_i \lambda_i \overrightarrow{\xi_n^{[i]} x_i}$$

zu einem algebraischen und topologischen Isomorphismus zwischen $\overline{[\Lambda_{\mathfrak{Q}}] \otimes_\varepsilon E}$ und $[\Lambda(E)_{\mathfrak{Q}}]$ fortgesetzt werden.

KAPITEL III

SPEZIELLE VERALLGEMEINERTE VOLLKOMMENE FOLGENRÄUME

In diesem Kapitel werden solche verallgemeinerte vollkommene Folgenräume $\Lambda(E)$ untersucht, für die entweder Λ oder E spezialisiert ist. Ohne Vollständigkeit anstreben zu wollen, beschränken wir uns dabei auf die Darstellung der für die einzelnen Räume charakteristischen Eigenschaften.

Nach einleitenden Bemerkungen über gewöhnliche Stufenräume und gestufte Räume werden die verallgemeinerten vollkommenen Folgenräume $\Sigma^{\infty}(E)$ und $\Sigma^1(E)$ untersucht. Dabei wird besonderes Gewicht auf die Charakterisierung der beschränkten und der relativ $\mathfrak{M}$-kompakten Teilmengen gelegt. Außerdem bestimmen wir für die $\mathfrak{B}$-Topologien Fundamentalsysteme von Nullumgebungen. Im Gegensatz dazu beschäftigen wir uns bei der Untersuchung von $\Phi(E)$ im wesentlichen mit der Frage, unter welchen Voraussetzungen $\Phi(E)$ aus denjenigen Folgen besteht, die nur endlich viele von o verschiedene Komponenten besitzen. Für den verallgemeinerten vollkommenen Folgenraum $\Omega(E)$ wird gezeigt, daß er als topologisches Produkt von abzählbar vielen lokalkonvexen Räumen E aufgefaßt werden kann. Bei den Untersuchungen von beliebigen verallgemeinerten Stufenräumen $\Sigma(E)$ steht die Bestimmung der zu $\Sigma(E)$ gehörigen Folgen im Vordergrund. Schließlich zeigt sich, daß man die beliebigen verallgemeinerten gestuften Räume $\Sigma^*(E)$ mit den gleichen Methoden untersuchen kann, wie den speziellen verallgemeinerten gestuften Raum $\Sigma^1(E)$.

Im letzten Abschnitt werden die verallgemeinerten vollkommenen Folgenräume $\Lambda(C_T)$ ausführlich behandelt.

3.1. Stufenräume und gestufte Räume

Ein (vollständiges) *Stufensystem* ist eine abzählbare Familie $\{\vec{\xi}_n^{[i]}\}$ von Folgen, für die $0 \leq \xi_n^{[i]} \leq \xi_n^{[i+1]}$ und $\sup\{\xi_n^{[i]} : i = 1,2,\ldots\} > 0$ gilt. Ausgehend von einem solchen System erhält man durch die Ansätze

$$\Sigma = \{\vec{\xi}_n : |\xi_n| \leq k\xi_n^{[k]} \text{ für ein } k\}$$

und

$$\Sigma^* = \{\vec{\alpha}_n : \sum_{n=1}^{\infty} |\alpha_n \xi_n^{[i]}| < +\infty \text{ für alle } i\}$$

zwei zueinander duale vollkommene Folgenräume. Man bezeichnet Σ bzw. Σ^* als den durch das Stufensystem $\{\vec{\xi}_n^{[i]}\}$ erzeugten *Stufenraum* bzw. *gestuften Raum.*[1])

[1]) Vgl. [16].

Aus der Tatsache, daß eine Teilmenge B von Σ dann und nur dann beschränkt ist, wenn sie in einer Menge der Form $B_k = \{\vec{\xi}_n : |\xi_n| \leq k\xi_n^{[k]}\}$ enthalten ist, ergibt sich

$$\hat{\mathfrak{S}}(\Sigma) = \mathfrak{G}(\Sigma) = \mathfrak{K}(\Sigma) = \mathfrak{B}(\Sigma)$$

und

$$\mathfrak{K}(\Sigma^*) = \mathfrak{G}(\Sigma^*) = \mathfrak{C}(\Sigma^*).$$

Zu dem aus der einzelnen Folge $\vec{\varepsilon}_n$ gebildeten Stufensystem $\{\vec{\xi}_n^{[i]} = \vec{\varepsilon}_n\}$ gehört der Stufenraum Σ^∞ und der gestufte Raum Σ^1. Existiert zu einem Stufensystem $\{\vec{\xi}_n^{[i]}\}$ eine natürliche Zahl k und eine Folge ϱ_i von positiven Zahlen mit $\xi_n^{[i]} \leq \varrho_i \xi_n^{[k]}$ für $i = 1,2,\ldots$, so hat man $\xi_n^{[k]} > 0$. Nun ergibt sich, daß mit $\delta_n = \xi_n^{[k]}$ durch die *Diagonaltransformationen*

$$\vec{\xi}_n = \overrightarrow{\delta_n \lambda_n} \quad \text{mit} \quad \vec{\xi}_n \in \Sigma \quad \text{und} \quad \vec{\lambda}_n \in \Sigma^\infty$$

und

$$\vec{\mu}_n = \overrightarrow{\delta_n \alpha_n} \quad \text{mit} \quad \vec{\alpha}_n \in \Sigma^* \quad \text{und} \quad \vec{\mu}_n \in \Sigma^1$$

ein Isomorphismus zwischen Σ und Σ^∞ sowie zwischen Σ^1 und Σ^* definiert wird.

Zu dem Stufensystem $\{\vec{\varepsilon}_n(\leq i)\}$ gehört der Stufenraum Φ und der gestufte Raum Ω.

3.2. Der verallgemeinerte vollkommene Folgenraum $\Sigma^\infty(E)$

Wir beginnen diesen Abschnitt mit einer Charakterisierung der zu $\Sigma^\infty(E)$ gehörigen Folgen. Es gilt

Satz 3.1. *$\Sigma^\infty(E)$ besteht aus allen beschränkten Folgen $\vec{x}_n$ mit $x_n \in E$.*

Beweis. Unsere Behauptung ergibt sich unmittelbar aus der Tatsache, daß jede skalar in Σ^∞ liegende Folge $\vec{x}_n$ mit $x_n \in E$ eine $\mathfrak{S}(E')$-beschränkte und somit beschränkte Teilmenge von E ist. Umgekehrt gehört jede beschränkte Folge $\vec{x}_n$ zu $\Sigma^\infty(E)$, weil sie skalar beschränkt ist.

Wenn man die soeben verwendeten Überlegungen etwas verallgemeinert, ergibt sich

Satz 3.2. *Eine Teilmenge B von $\Sigma^\infty(E)$ ist dann und nur dann beschränkt, wenn es in E eine beschränkte Menge B gibt, so daß für $\vec{x}_n \in \mathsf{B}$ und $h = 1,2,\ldots$ stets $x_h \in B$ gilt.*

Da auf $\Sigma^\infty(E)$ die $\mathfrak{C}(\Sigma^1)$-Topologie mit der $\mathfrak{K}(\Sigma^1)$-Topologie zusammenfällt, erhalten wir aus der für jeden vollkommenen Folgenraum Λ gültigen Beziehung $[\Lambda(E)_{\mathfrak{C}(\Lambda^*)}] = \Lambda(E)$

Satz 3.3. *Es gilt $[\Sigma^\infty(E)_{\mathfrak{K}(\Sigma^1)}] = \Sigma^\infty(E)$.*

Wir untersuchen nun die relativ $\mathfrak{K}(\Sigma^1)$-kompakten Teilmengen von $\Sigma^\infty(E)$.

Satz 3.4. *Eine beschränkte Teilmenge K von $\Sigma^\infty(E)$ ist dann und nur dann relativ $\mathfrak{K}(\Sigma^1)$-kompakt, wenn die Mengen $I_h(\mathsf{K})$ für $h = 1,2,\ldots$ relativ kompakt sind.*

Beweis. Da die Notwendigkeit der angegebenen Bedingung unmittelbar aus Satz 2.5 folgt, brauchen wir nur noch deren Hinlänglichkeit zu beweisen.

Ist K eine beschränkte Teilmenge von $\Sigma^\infty(E)$, so muß

$$\mathfrak{f}(\mathsf{K}, U^0) = \{\overrightarrow{\langle x_n, a\rangle} : \vec{x}_n \in \mathsf{K} \quad \text{und} \quad a \in U^0\}$$

für jede Nullumgebung U von E eine beschränkte Teilmenge von Σ^∞ sein. Folglich hat man

$$\mathfrak{f}(\mathsf{K}, U^0) \in \mathfrak{B}(\Sigma^\infty) = \mathfrak{G}(\Sigma^\infty),$$

und es ergibt sich, daß $\mathfrak{f}(\mathsf{K}, U^0)$ eine relativ $\mathfrak{K}(\Sigma^1)$-kompakte normale Hülle besitzt. Wenn man nun noch voraussetzt, daß die Mengen $I_h(\mathsf{K})$ für $h = 1, 2, \ldots$ relativ kompakt sein sollen, folgt aus Satz 2.11, daß $\hat{\mathsf{K}}$ und somit auch K eine relativ $\mathfrak{K}(\Sigma^1)$-kompakte Teilmenge von $\Sigma^\infty(E)$ ist.

Als einfache Folgerung aus Satz 3.4 erhalten wir

Satz 3.5. *Jede relativ $\mathfrak{M}$-kompakte Teilmenge von $\Sigma^\infty(E)$ ist auch relativ $\mathfrak{K}(\Sigma^1)$-kompakt.*

Beweis. Da nach Satz 2.5 für jede relativ $\mathfrak{M}$-kompakte Teilmenge K von $\Sigma^\infty(E)$ die Mengen $I_h(\mathsf{K})$ relativ kompakt sind, muß K auch für die $\mathfrak{K}(\Sigma^1)$-Topologie relativ kompakt sein.

Der folgende Satz zeigt, daß sich in $\Sigma^\infty(E)$ für jede $\mathfrak{M}$-Topologie mit $\mathfrak{M} \subset \mathfrak{K}(\Sigma^1)$ die gleichen konvergenten Folgen ergeben.

Satz 3.6. *Für jede $\mathfrak{M}$-Topologie mit $\mathfrak{M} \subset \mathfrak{K}(\Sigma^1)$ konvergiert die beschränkte Folge $\{\vec{x}_n^{[i]}\}$ aus $\Sigma^\infty(E)$ dann und nur dann gegen $\vec{x}_n$, wenn sie komponentenweise gegen $\vec{x}_n$ konvergiert.*

Beweis. Ist $\{\vec{x}_n^{[i]}\}$ eine beschränkte Folge aus $\Sigma^\infty(E)$, die komponentenweise gegen $\vec{x}_n$ konvergiert, so muß $\mathsf{K} = \{\vec{x}_n^{[i]} : i = 1, 2, \ldots\}$ eine relativ $\mathfrak{K}(\Sigma^1)$-kompakte Teilmenge von $\Sigma^\infty(E)$ sein, denn die Mengen $I_h(\mathsf{K})$ sind relativ kompakt. Folglich gilt

$$\mathfrak{K}(\Sigma^1)\text{-}\lim_{i\to\infty} \vec{x}_n^{[i]} = \vec{x}_n.$$

Da die $\mathfrak{M}$-Topologie gröber als die $\mathfrak{K}(\Sigma^1)$-Topologie sein sollte, hat man somit auch

$$\mathfrak{M}\text{-}\lim_{i\to\infty} \vec{x}_n^{[i]} = \vec{x}_n.$$

Abschließend betrachten wir noch die von der $\mathfrak{K}(\Sigma^1)$-Topologie verschiedene $\mathfrak{B}(\Sigma^1)$-Topologie.

Satz 3.7. *Ein Fundamentalsystem von Nullumgebungen der $\mathfrak{B}(\Sigma^1)$-Topologie von $\Sigma^\infty(E)$ wird durch das System aller Teilmengen*

$$(U)^\infty = \{\vec{x}_n : \vec{x}_n \in \Sigma^\infty(E) \quad \textit{mit} \quad x_h \in U \quad \textit{für} \quad h = 1, 2, \ldots\}$$

gebildet, wobei U alle Nullumgebungen von E durchläuft.

Beweis. Ist U eine absolutkonvexe und abgeschlossene Nullumgebung von E, so gilt mit $A_1 = \{\vec{\mu}_n : \sum_1^\infty |\mu_n| \leq 1\}$ die Beziehung

$$(U)^\infty = (A_1, U).$$

Da es aber zu jeder beliebigen beschränkten Teilmenge B von Σ^1 eine positive Zahl ϱ mit $B \subset \varrho A_1$ gibt, erkennt man, daß die Mengen $(U)^\infty$ tatsächlich ein Fundamentalsystem von Nullumgebungen für die $\mathfrak{B}(\Sigma^1)$-Topologie von $\Sigma^\infty(E)$ bilden.

Nun ergibt sich

Satz 3.8. *$[\Sigma^\infty(E)_{\mathfrak{B}(\Sigma^1)}]$ besteht aus allen Nullfolgen $\vec{x}_n$ mit $x_n \in E$.*

Beweis. Da die $\mathfrak{B}(\Sigma^1)$-Topologie normal ist, gilt

$$[\Sigma^\infty(E)_{\mathfrak{B}(\Sigma^1)}] = \{\Sigma^\infty(E)_{\mathfrak{B}(\Sigma^1)}\}.$$

Folglich besteht $[\Sigma^\infty(E)_{\mathfrak{B}(\Sigma^1)}]$ aus allen Folgen $\vec{x}_n$ mit

$$\mathfrak{B}(\Sigma^1)\text{-}\lim_{i\to\infty} \vec{x}_n(\geq i) = \vec{o}_n.$$

Das sind aber gerade die Nullfolgen aus E.

Satz 3.9. *Die normale Hülle einer beschränkten Teilmenge K von $\Sigma^\infty(E)$ ist dann und nur dann relativ $\mathfrak{B}(\Sigma^1)$-kompakt, wenn $\{I_h(\mathsf{K})\}$ eine gegen o konvergierende Folge von relativ kompakten Teilmengen aus E ist.*

Notwendigkeit. Wenn wir eine beschränkte Teilmenge K von $\Sigma^\infty(E)$ betrachten, deren normale Hülle relativ $\mathfrak{B}(\Sigma^1)$-kompakt ist, so gibt es zu jeder absolutkonvexen und abgeschlossenen Nullumgebung U von E eine natürliche Zahl i, so daß mit $A_1 = \{\vec{\mu}_n : \sum_1^\infty |\mu_n| \leq 1\}$ die Abschätzung

$$\sum_{i+1}^\infty |\mu_n \langle x_n, a\rangle| \leq 1 \quad \text{für} \quad \vec{\mu}_n \in A_1, \; a \in U^0 \quad \text{und} \quad \vec{x}_n \in \mathsf{K}$$

gilt. Wegen $\vec{\varepsilon}_n(h) \in A_1$ hat man demnach

$$|\langle x_h, a\rangle| \leq 1 \quad \text{für} \quad a \in U^0, \; \vec{x}_n \in \mathsf{K} \quad \text{und} \quad h > i.$$

Folglich gilt

$$I_h(\mathsf{K}) \subset U^{00} = U \qquad \text{für} \qquad h > i.$$

Da nach Satz 2.5 die Mengen $I_h(\mathsf{K})$ relativ kompakt sind, ist damit unsere Behauptung bewiesen.

Hinlänglichkeit. Ist B eine beschränkte Teilmenge von Σ^1, so gibt es eine positive Zahl ϱ mit

$$\sum_1^\infty |\mu_n| \leq \varrho \qquad \text{für} \qquad \vec{\mu}_n \in B.$$

Wir betrachten nun eine beliebige Nullumgebung U von E und bestimmen eine natürliche Zahl i mit

$$I_h(\mathsf{K}) \subset \varrho^{-1} U \qquad \text{für} \qquad h > i .$$

Dann ergibt sich die Abschätzung

$$\sum_{i+1}^{\infty} |\mu_n \langle x_n, a\rangle| \leq 1 \quad \text{für} \quad \vec{\mu}_n \in B,\ a \in U^0 \quad \text{und} \quad \vec{x}_n \in \mathsf{K}.$$

Folglich ist die normale Hülle von K nach Satz 2.11 eine relativ $\mathfrak{B}(\Sigma^1)$-kompakte Teilmenge von $\Sigma^\infty(E)$.

Abschließend erwähnen wir, daß Satz 3.8 auch als Spezialfall aus dem soeben bewiesenen Satz 3.9 entnommen werden kann.

3.3. Der verallgemeinerte vollkommene Folgenraum $\Sigma^1(E)$

Unmittelbar aus der Definition der verallgemeinerten vollkommenen Folgenräume ergibt sich

Satz 3.10. *$\Sigma^1(E)$ besteht aus allen Folgen $\vec{x}_n$ mit $x_n \in E$, für die mit $a \in E'$ stets $\sum_1^\infty |\langle x_n, a\rangle| < +\infty$ gilt.*

Da wegen $\hat{\mathfrak{S}}(\Sigma^\infty) = \mathfrak{G}(\Sigma^\infty) = \mathfrak{R}(\Sigma^\infty) = \mathfrak{B}(\Sigma^\infty)$ auf $\Sigma^1(E)$ alle wesentlichen Topologien mit der $\mathfrak{B}(\Sigma^\infty)$-Topologie zusammenfallen, wollen wir uns im folgenden auf die Untersuchung dieser Topologie beschränken.

Wir bezeichnen mit $\mathfrak{N}$ die Gesamtheit aller endlichen Teilmengen $\mathfrak{n}$ der Menge $N = \{1, 2, \ldots\}$ und formulieren den folgenden

Hilfssatz. *Ist $\vec{x}_n$ eine Folge mit $x_n \in E$, so daß für eine absolutkonvexe Teilmenge A von E und jede Menge $\mathfrak{n} \in \mathfrak{N}$ stets $\sum_{n \in \mathfrak{n}} x_n \in A$ gilt, dann ergibt sich für jede Folge $\vec{\lambda}_n$ mit $|\lambda_n| \leq 1$ die Beziehung $\sum_{n \in \mathfrak{n}} \lambda_n x_n \in 8A$.*

Beweis. Zuerst betrachten wir den Fall einer Folge $\vec{\lambda}_n$ mit $0 \leq \lambda_n \leq 1$. Wir formulieren folgende Aussage:

Für $\mathfrak{n}_1, \mathfrak{n}_2 \in \mathfrak{N}$ mit $\mathfrak{n}_1 \cap \mathfrak{n}_2 = \emptyset$ und $|\mathfrak{n}_2| < k$[1]) gilt (∇)

$$\sum_{n \in \mathfrak{n}_1} x_n + \sum_{n \in \mathfrak{n}_2} \lambda_n x_n \in A .$$

Wegen $\mathfrak{n}_2 = \emptyset$ für $|\mathfrak{n}_2| < 1$ fällt (∇) für $k = 1$ mit unserer Voraussetzung zusammen. Nun ergibt sich die Gültigkeit von (∇) für alle natürlichen Zahlen durch vollständige Induktion, denn man kann zeigen, daß die Aussage (∇) für $k + 1$ richtig sein muß, wenn sie für k gilt.

---

[1]) $|\mathfrak{n}|$ ist die Anzahl der Elemente von $\mathfrak{n}$.

Hat man nämlich Mengen $\mathfrak{n}_1, \mathfrak{n}_2 \in \mathfrak{N}$ mit $\mathfrak{n}_1 \cap \mathfrak{n}_2 = \emptyset$ und $|\mathfrak{n}_2| < k + 1$, so entnimmt man aus $\mathfrak{n}_2$ eine beliebige natürliche Zahl l und bezeichnet den Rest mit $\mathfrak{n}'_2$. Falls die Aussage (∇) für k gilt, erhält man wegen $|\mathfrak{n}_2| < k$ die Beziehungen

$$\sum_{n \in \mathfrak{n}_1} x_n + x_l + \sum_{n \in \mathfrak{n}'_2} \lambda_n x_n \in A$$

und

$$\sum_{n \in \mathfrak{n}_1} x_n + \sum_{n \in \mathfrak{n}'_2} \lambda_n x_n \in A .$$

Weil A konvex ist, folgt daraus

$$\lambda_l \Big(\sum_{n \in \mathfrak{n}_1} x_n + x_l + \sum_{n \in \mathfrak{n}'_2} \lambda_n x_n \Big) + (1 - \lambda_l) \Big(\sum_{n \in \mathfrak{n}_1} x_n + \sum_{n \in \mathfrak{n}'_2} \lambda_n x_n \Big) \in A$$

oder

$$\sum_{n \in \mathfrak{n}_1} x_n + \sum_{n \in \mathfrak{n}_2} \lambda_n x_n \in A .$$

Folglich gilt (∇) für $k + 1$ und somit für alle natürlichen Zahlen. Insbesondere ergibt sich für $\mathfrak{n}_1 = \emptyset$ und $\mathfrak{n}_2 = \mathfrak{n}$ die Beziehung

$$\sum_{n \in \mathfrak{n}} \lambda_n x_n \in A .$$

Nun sei $\vec{\lambda}_n$ eine beliebige Folge mit $|\lambda_n| \leq 1$. Dann zerlegen wir die Menge der natürlichen Zahlen in vier Klassen

$$\begin{aligned}
\boldsymbol{N}_1 &= \{n : n \in N \quad \text{mit} \quad R(\lambda_n) \geq 0 \quad \text{und} \quad Im(\lambda_n) \geq 0\},\\
\boldsymbol{N}_2 &= \{n : n \in N \quad \text{mit} \quad R(\lambda_n) \geq 0 \quad \text{und} \quad Im(\lambda_n) < 0\},\\
\boldsymbol{N}_3 &= \{n : n \in N \quad \text{mit} \quad R(\lambda_n) < 0 \quad \text{und} \quad Im(\lambda_n) \geq 0\},\\
\boldsymbol{N}_4 &= \{n : n \in N \quad \text{mit} \quad R(\lambda_n) < 0 \quad \text{und} \quad Im(\lambda_n) < 0\},
\end{aligned}$$

und bilden für $\mathfrak{n} \in \mathfrak{N}$ die Mengen $\mathfrak{n}_k = \boldsymbol{N}_k \cap \mathfrak{n}$ ($k = 1, 2, 3, 4$). Aus dem bisher Bewiesenen ergeben sich dann, weil A absolutkonvex ist, die Beziehungen

$$\sum_{n \in \mathfrak{n}_k} R(\lambda_n) x_n \in A \qquad \text{und} \qquad \sum_{n \in \mathfrak{n}_k} Im(\lambda_n) x_n \in A .$$

Daraus folgt

$$\sum_{n \in \mathfrak{n}_k} \lambda_n x_n \in 2A ,$$

und wegen $\mathfrak{n} = \mathfrak{n}_1 \cup \mathfrak{n}_2 \cup \mathfrak{n}_3 \cup \mathfrak{n}_4$ erhalten wir abschließend

$$\sum_{n \in \mathfrak{n}} \lambda_n x_n \in 8A .$$ [1]

---

[1]) Man kann sogar zeigen, daß die Beziehung $\sum_{n \in \mathfrak{n}} \lambda_n x_n \in 4A$ gilt.

Nach diesen Vorbemerkungen erhalten wir

Satz 3.11. *Ein Fundamentalsystem von Nullumgebungen der $\mathfrak{B}(\Sigma^\infty)$-Topologie von $\Sigma^1(E)$ wird durch das System aller Teilmengen*

$$(U)^1 = \{\vec{x}_n : \vec{x}_n \in \Sigma^1(E) \quad \textit{mit} \quad \sum_{n\in\mathfrak{n}} x_n \in U \quad \textit{für alle} \quad \mathfrak{n} \in \mathfrak{N}\}$$

gebildet, wobei U alle Nullumgebungen von E durchläuft.

Beweis. Ist U eine beliebige absolutkonvexe und abgeschlossene Nullumgebung von E, so gilt mit $B_1 = \{\vec{\lambda}_n : |\lambda_n| \leq 1\}$ die Beziehung

$$(B_1, U) \subset (U)^1 \subset (B_1, 8U).$$

Ist nämlich $\vec{x}_n$ eine beliebige Folge aus (B_1, U), so besteht die Ungleichung

$$\sum_1^\infty |\langle x_n, a\rangle| \leq 1 \qquad \text{für} \qquad a \in U^0.$$

Daraus folgt aber für $\mathfrak{n} \in \mathfrak{N}$ und $a \in U^0$ die Aussage

$$\left|\sum_{n\in\mathfrak{n}} \langle x_n, a\rangle\right| \leq 1 \qquad \text{oder} \qquad \sum_{n\in\mathfrak{n}} x_n \in U^{00} = U.$$

Folglich hat man $\vec{x}_n \in (U)^1$.

Betrachtet man andererseits eine Folge $\vec{x}_n \in (U)^1$, so existiert zu jedem $a \in E'$ eine Folge $\vec{\lambda}_n \in B_1$ mit $|\langle x_n, a\rangle| = \lambda_n \langle x_n, a\rangle$. Da dann nach dem vorangehenden Hilfssatz für $i = 1, 2 \ldots$ die Beziehung

$$\sum_1^i \lambda_n x_n \in 8U$$

gilt, hat man

$$\sum_1^i |\langle x_n, a\rangle| \leq 8 \qquad \text{für} \qquad a \in U^0.$$

Demnach gehört die Folge $\vec{x}_n$ zu $(B_1, 8U)$.

Da es zu jeder beliebigen beschränkten Teilmenge B von Σ^∞ eine positive Zahl ϱ mit $B \subset \varrho B_1$ gibt, erkennt man, daß die Mengen $(U)^1$ tatsächlich ein Fundamentalsystem von Nullumgebungen für die $\mathfrak{B}(\Sigma^\infty)$-Topologie von $\Sigma^1(E)$ bilden.

Nun ergibt sich eine Charakterisierung der beschränkten Teilmengen von $\Sigma^1(E)$.

Satz 3.12. *Eine Teilmenge B von $\Sigma^1(E)$ ist dann und nur dann beschränkt, wenn es in E eine beschränkte Teilmenge B gibt, so daß für $\vec{x}_n \in \mathsf{B}$ und $\mathfrak{n} \in \mathfrak{N}$ stets $\sum_{n\in\mathfrak{n}} x_n \in B$ gilt.*

Beweis. Unsere Behauptung folgt unmittelbar aus der Tatsache, daß mit

$$B_0 = \left\{\sum_{n\in\mathfrak{n}} x_n : \vec{x}_n \in \mathsf{B} \qquad \text{und} \qquad \mathfrak{n} \in \mathfrak{N}\right\}$$

für jede Nullumgebung U von E und alle positiven Zahlen ϱ die Aussagen

$$B_0 \subset \varrho U \quad \text{und} \quad \mathsf{B} \subset \varrho(U)^1$$

äquivalent sind.

Als weitere Folgerung aus Satz 3.11 erhalten wir

Satz 3.13. *$[\Sigma^1(E)_{\mathfrak{S}(\Sigma^\infty)}] = [\Sigma^1(E)_{\mathfrak{B}(\Sigma^\infty)}]$ besteht aus allen Folgen $\vec{x}_n$ mit $x_n \in E$, die in $\tilde{E}$ unbedingt summierbar sind.*

Beweis. Wegen $\hat{\mathfrak{S}}(\Sigma^\infty) = \mathfrak{B}(\Sigma^\infty)$ gilt

$$[\Sigma^1(E)_{\mathfrak{S}(\Sigma^\infty)}] = [\Sigma^1(E)_{\hat{\mathfrak{S}}(\Sigma^\infty)}] = [\Sigma^1(E)_{\mathfrak{B}(\Sigma^\infty)}].$$

Andererseits hat man, weil die $\mathfrak{B}(\Sigma^\infty)$-Topologie normal ist,

$$[\Sigma^1(E)_{\mathfrak{B}(\Sigma^\infty)}] = \{\Sigma^1(E)_{\mathfrak{B}(\Sigma^\infty)}\}.$$

Folglich besteht $[\Sigma^1(E)_{\mathfrak{B}(\Sigma^\infty)}]$ aus allen Folgen $\vec{x}_n$ mit

$$\mathfrak{B}(\Sigma^\infty)\text{-}\lim_{i\to\infty} \vec{x}_n(> i) = \vec{o}_n .$$

Das sind aber gerade diejenigen Folgen $\vec{x}_n$ mit $x_n \in E$, für die es zu jeder Nullumgebung U von E eine natürliche Zahl i gibt, so daß

$$\sum_{n\in\mathfrak{n}} x_n \in U \qquad \text{für} \qquad \mathfrak{n} \in \mathfrak{N} \qquad \text{mit} \qquad 1, \ldots,, i \,\bar{\in}\, \mathfrak{n}$$

gilt. Diese Aussage wird aber genau dann erfüllt, wenn die Folge $\vec{x}_n$ in $\tilde{E}$ unbedingt summierbar ist.

Satz 3.14. *Die normale Hülle einer Teilmenge K von $\Sigma^1(E)$ ist dann und nur dann relativ $\mathfrak{B}(\Sigma^\infty)$-kompakt, wenn die Mengen $I_h(\mathsf{K})$ relativ kompakt sind und wenn es in E eine monoton fallende und gegen o konvergierende Folge $\{B_i\}$ von Teilmengen gibt, so daß für $\vec{x}_n \in \mathsf{K}$ und $\mathfrak{n} \in \mathfrak{N}$ mit $1, \ldots, i \,\bar{\in}\, \mathfrak{n}$ stets $\sum_{n\in\mathfrak{n}} x_n \in B_i$ gilt.*

Beweis. Nach Satz 2.11 ist die normale Hülle einer Teilmenge K von $\Sigma^1(E)$ dann und nur dann relativ $\mathfrak{B}(\Sigma^\infty)$-kompakt, wenn die Mengen $I_h(\mathsf{K})$ relativ kompakt sind und wenn zu jeder absolutkonvexen und abgeschlossenen Nullumgebung U von E eine natürliche Zahl i existiert, so daß

$$\sum_{i+1}^{\infty} |\langle x_n, a\rangle| \leq 1 \qquad \text{für} \qquad a \in U^0 \qquad \text{und} \qquad \vec{x}_n \in \mathsf{K} \tag{*}$$

gilt. Unsere Behauptung ergibt sich nun aus der Tatsache, daß die Bedingung (*) zu der Aussage, daß die monoton fallende Folge der Mengen

$$B_i = \left\{ \sum_{n\in\mathfrak{n}} x_n : \vec{x}_n \in \mathsf{K} \quad \text{und} \quad \mathfrak{n} \in \mathfrak{N} \quad \text{mit} \quad 1, \ldots, i \,\bar{\in}\, \mathfrak{n} \right\}$$

in E gegen o konvergiert, äquivalent ist. Aus (*) folgt nämlich $B_i \subset U^{00} = U$, während man umgekehrt aus $B_i \subset \frac{1}{8} U$ die Ungleichung (*) erhält.

Abschließend erwähnen wir noch zwei unmittelbare Folgerungen aus Satz 2.29 und Satz 2.30.

Satz 3.15. *Jede relativ* $\mathfrak{S}(\Sigma^\infty)$*-kompakte Teilmenge von* $[\Sigma^1(E)_{\mathfrak{S}(\Sigma^\infty)}]$ *ist sogar relativ* $\mathfrak{B}(\Sigma^\infty)$*-kompakt.*

Satz 3.16. *Jede* $\mathfrak{S}(\Sigma^\infty)$*-konvergente Folge aus* $[\Sigma^1(E)_{\mathfrak{S}(\Sigma^\infty)}]$ *ist sogar* $\mathfrak{B}(\Sigma^\infty)$*-konvergent.*

3.4. Der verallgemeinerte vollkommene Folgenraum $\Phi(E)$

Als erstes stellen wir fest, daß auf $\Phi(E)$ alle normalen Topologien zusammenfallen. Es gilt nämlich

Satz 3.17. *Ein Fundamentalsystem von Nullumgebungen für jede* $\mathfrak{N}$*-Topologie von* $\Phi(E)$ *wird durch das System der Teilmengen*

$$(\vec{\tau}_n U) = \{ \vec{x}_n : \vec{x}_n \in \Phi(E) \quad \text{mit} \quad x_n \in \tau_n U \}$$

gebildet, wobei $\vec{\tau}_n$ *alle Folgen von positiven Zahlen und* U *alle Nullumgebungen von* E *durchläuft.*

Beweis. Im folgenden sei U eine beliebige absolutkonvexe und abgeschlossene Nullumgebung von E.

Wir betrachten nun eine Menge $N \in \mathfrak{N}$ und bestimmen positive Zahlen ϱ_n mit

$$|\alpha_n| \leq \varrho_n \qquad \text{für} \qquad \vec{\alpha}_n \in N .$$

Dann besteht mit $\tau_n = \dfrac{1}{2^n \varrho_n}$ die Beziehung

$$(\vec{\tau}_n U) \subset (N, U), \tag{1}$$

denn aus $\vec{x}_n \in (\vec{\tau}_n U)$ folgt für $\vec{\alpha}_n \in N$ und $a \in U^0$ die Ungleichung

$$\left| \sum_1^\infty \alpha_n \langle x_n, a \rangle \right| \leq \sum_1^\infty |\alpha_n \tau_n| \leq \sum_1^\infty \frac{1}{2^n} = 1 .$$

Ist dagegen $\vec{\tau}_n$ eine beliebige Folge von positiven Zahlen, so gibt es zu der Folge $\vec{\alpha}_n \in [\Omega] = \Omega$ mit $\alpha_n = \dfrac{1}{\tau_n}$ eine normale Menge $N \in \mathfrak{N}$ mit $\vec{\alpha}_n \in N$. Dann gilt

$$(N, U) \subset (\vec{\tau}_n U), \tag{2}$$

denn für $\vec{x}_n \in (N, U)$ hat man wegen $\vec{\alpha}_n(h) \in N$

$$|\alpha_h \langle x_h, a \rangle| \leq 1 \quad \text{für} \quad a \in U^0 \quad \text{oder} \quad x_h \in \tau_h U^{00} = \tau_h U .$$

Nun ergibt sich unsere Behauptung aus den Beziehungen (1) und (2).

Als einfache Folgerung aus Satz 3.17 erhält man

Satz 3.18. *Es gilt* $[\Phi(E)_{\mathfrak{M}}] = \Phi(E)$.

Beweis. Weil die $\hat{\mathfrak{M}}$-Topologie mit der $\hat{\mathfrak{S}}_0(\Omega)$-Topologie von $\Phi(E)$ zusammenfällt, hat man

$$[\Phi(E)_{\mathfrak{M}}] = [\Phi(E)_{\hat{\mathfrak{M}}}] = [\Phi(E)_{\hat{\mathfrak{S}}_0(\Omega)}] = \Phi(E).$$

Im folgenden untersuchen wir die Bedingungen für den lokalkonvexen Raum E, unter denen $\Phi(E)$ aus allen Folgen $\vec{x}_n$ mit $x_n \in E$ besteht, die nur endlich viele von o verschiedene Komponenten besitzen. Daß diese Charakterisierung der zu $\Phi(E)$ gehörigen Folgen nicht immer richtig ist, zeigt

Satz 3.19. *Wenn es auf dem metrischen lokalkonvexen Raum E keine stetige Norm gibt, existiert eine Folge $\vec{x}_n \in \Phi(E)$ mit $x_n \neq o$ für $n = 1,2,\ldots$*

Beweis. Da die lokalkonvexe Topologie von E metrisch ist, kann sie aus einer monoton wachsenden Folge $\{p_i\}$ von stetigen Halbnormen erzeugt werden. Dabei gilt stets

$$N_i = \{x : x \in E \quad \text{mit} \quad p_i(x) = 0\} \neq \{o\},$$

denn es soll nach Voraussetzung auf E keine stetige Norm geben. Außerdem hat man

$$N_1 \supset N_2 \supset \ldots \quad \text{und} \quad \bigcap_{1}^{\infty} N_i = \{o\}.$$

Wir wählen nun ein Element $x_1 \in N_1$ mit $x_1 \neq o$ und bestimmen eine natürliche Zahl i_1 mit $x_1 \bar{\in} N_{i_1}$. Durch Fortsetzung dieser Konstruktion erhalten wir eine Folge $\vec{x}_n$, für die mit einer monoton wachsenden Folge von natürlichen Zahlen i_n die Aussagen

$$x_n \in N_{i_{n-1}} \quad \text{und} \quad x_n \bar{\in} N_{i_n} \quad \text{für} \quad n = 1,2,\ldots$$

gelten.

Da es zu jeder stetigen Linearform $a \in E'$ eine natürliche Zahl i_n gibt, so daß mit einer positiven Zahl ϱ die Abschätzung

$$|\langle x,a\rangle| \leq \varrho\, p_{i_n}(x) \quad \text{für} \quad x \in E$$

gilt, erhält man für x_h mit $h > n$ die Aussage

$$|\langle x_h,a\rangle| \leq \varrho\, p_{i_n}(x_h) \leq \varrho\, p_{i_{h-1}}(x_h) = 0.$$

Demnach gehört die Folge $\vec{x}_n$ zu $\Phi(E)$, während man andererseits $x_n \neq o$ für $n = 1,2,\ldots$ hat.

Als Beispiel für den in Satz 3.19 angeführten Sachverhalt betrachten wir den metrischen lokalkonvexen Raum $E = \Omega_{\mathfrak{B}(\Phi)}$. Dann gehört die Folge $\vec{e}_n$ mit $e_n = \vec{\varepsilon}_l(n)$ zu $\Phi(E)$.[1])

[1]) Hilfssatz auf S. 39.

Für die weiteren Untersuchungen dieses Abschnittes wollen wir voraussetzen, daß es in E eine Folge $\{A_i\}$ von Teilmengen gibt, so daß die beiden nachstehenden Aussagen erfüllt sind:

1. Zu jeder Menge A_i und jedem Element $x \in E$ mit $x \neq o$ existiert eine positive Zahl ϱ mit $\varrho x \bar{\in} A_i$.

2. Jede beschränkte Teilmenge von E ist in einer Menge A_j enthalten.

Diese Bedingungen sind für einen lokalkonvexen Raum E insbesondere dann erfüllt, wenn in E ein abzählbares Fundamentalsystem von beschränkten Teilmengen existiert oder wenn es auf E eine stetige Norm gibt. Im zweiten Falle setzt man $A_i = \{x : x \in E \quad \text{mit} \quad \|x\| \leq i\}$.

Unter den angegebenen Voraussetzungen erhalten wir

Satz 3.20. *$\Phi(E)$ besteht aus allen Folgen $\vec{x}_n$ mit $x_n \in E$, die nur endlich viele von o verschiedene Komponenten besitzen.*

Als Verallgemeinerung dieser Aussage ergibt sich

Satz 3.21. *Eine Teilmenge B von $\Phi(E)$ ist dann und nur dann beschränkt, wenn es eine beschränkte Teilmenge B von E und eine natürliche Zahl n_0 gibt, so daß aus $\vec{x}_n \in \mathsf{B}$ stets $x_n \in B$ und $x_n = o$ für $n > n_0$ folgt.*

Beweis. Wir betrachten eine beschränkte Teilmenge B von $\Phi(E)$[1]) und bilden für jede Folge $\vec{\varrho}_n$ von positiven Zahlen die Menge

$$B(\vec{\varrho}_n) = \{\varrho_h x_h : \vec{x}_n \in \mathsf{B} \quad \text{und} \quad h = 1,2,\ldots\}.$$

Da es zu der Nullumgebung $(\vec{\tau}_n U)$ mit $\tau_n = \dfrac{1}{\varrho_n}$ ein $\varrho > o$ mit $\mathsf{B} \subset \varrho(\vec{\tau}_n U)$ gibt, hat man $B(\vec{\varrho}_n) \subset \varrho U$. Folglich ist $B(\vec{\varrho}_n)$ eine beschränkte Teilmenge von E. Da diese Aussage insbesondere für die Menge $B(\vec{\varepsilon}_n)$ gilt, existiert in E eine beschränkte Teilmenge B mit $x_h \in B$ für $\vec{x}_n \in \mathsf{B}$ und $h = 1,2,\ldots$. Zum vollständigen Beweis unserer Behauptung müssen wir nun noch zeigen, daß es eine natürliche Zahl n_0 gibt, so daß für $\vec{x}_n \in \mathsf{B}$ und $n > n_0$ stets $x_n = o$ gilt. Wenn das nicht der Fall ist, existieren Folgen $\vec{x}_n^{[i]} \in \mathsf{B}$, so daß für eine monoton wachsende Folge von natürlichen Zahlen n_i die Aussagen $x_{n_i}^{[i]} \neq o$ gelten. Wir bestimmen nun positive Zahlen ϱ_n mit

$$\varrho_{n_i} x_n^{[i]} \bar{\in} A_i \qquad \text{für} \qquad i = 1,2,\ldots^{2)}$$

Weil $B(\vec{\varrho}_n)$ beschränkt ist, gibt es eine Menge A_j mit $B(\vec{\varrho}_n) \subset A_j$. Demnach müßte die falsche Beziehung

$$\varrho_{n_j} x_{n_j}^{[j]} \in A_j$$

bestehen. Aus dem aufgetretenen Widerspruch folgt, daß unsere ursprüngliche Behauptung richtig ist.

---

[1]) Zum Beweis von Satz 3.20 betrachtet man insbesondere die einelementigen Teilmengen von $\Phi(E)$.

[2]) Für $n \neq n_i$ ist ϱ_n beliebig.

Umgekehrt erkennt man leicht, daß jede Teilmenge von $\Phi(E)$ beschränkt ist, wenn sie die angegebene Eigenschaft besitzt.

Aus dem folgenden Satz ergibt sich, daß zu jeder $\mathfrak{M}$-Topologie von $\Phi(E)$ die gleichen relativ kompakten Mengen gehören.

Satz 3.22. *Eine Teilmenge* K *von* $\Phi(E)$ *ist dann und nur dann relativ* $\mathfrak{M}$*-kompakt, wenn es eine relativ kompakte Teilmenge* K *von* E *und eine natürliche Zahl* n_0 *gibt, so daß aus* $\vec{x}_n \in \mathsf{K}$ *stets* $x_n \in K$ *und* $x_n = o$ *für* $n > n_0$ *folgt.*[1])

Notwendigkeit. Da jede relativ $\mathfrak{M}$-kompakte Teilmenge K von $\Phi(E)$ beschränkt ist, gibt es eine natürliche Zahl n_0, so daß für $\vec{x}_n \in \mathsf{K}$ und $n > n_0$ stets $x_n = o$ gilt. Folglich hat man $I_h(\mathsf{K}) = \{o\}$ für $h > n_0$ und man erkennt, daß $K = \bigcup\limits_1^{\infty} I_h(\mathsf{K})$ als Vereinigung von nur endlich vielen voneinander verschiedenen relativ kompakten Teilmengen selbst relativ kompakt sein muß.

Hinlänglichkeit. Wenn eine Teilmenge K von $\Phi(E)$ die angegebene Eigenschaft besitzt, so hat man $I_h(\mathsf{K}) \subset K$ für $h = 1, 2, \ldots$. Folglich sind alle Mengen $I_h(\mathsf{K})$ relativ kompakt. Da $\mathfrak{f}(\mathsf{K}, U^0)$ für jede Nullumgebung U von E zu dem System $\mathfrak{B}(\Phi) = \mathfrak{C}(\Phi)$ gehört, muß K nach Satz 2.11 eine relativ $\mathfrak{B}(\Omega)$-kompakte und somit auch relativ $\mathfrak{M}$-kompakte Teilmenge von $\Phi(E)$ sein.

Abschließend erwähnen wir, daß $\Phi(E)$ als direkte topologische Summe von abzählbar vielen lokalkonvexen Räumen E aufgefaßt werden kann, wenn E ein normierter Raum ist.

3.5. Der verallgemeinerte vollkommene Folgenraum $\Omega(E)$

Unmittelbar aus der Definition der verallgemeinerten vollkommenen Folgenräume ergibt sich

Satz 3.23. $\Omega(E)$ *besteht aus allen Folgen* $\vec{x}_n$ *mit* $x_n \in E$.

Nun zeigen wir, daß auf $\Omega(E)$ sämtliche $\mathfrak{M}$-Topologien zusammenfallen. Es gilt nämlich

Satz 3.24. *Ein Fundamentalsystem von Nullumgebungen für jede* $\mathfrak{M}$*-Topologie von* $\Omega(E)$ *wird durch das System der Teilmengen*

$$(U, i) = \{\vec{x}_n : x_n \in U \quad \text{für} \quad n = 1, \ldots, i\}$$

gebildet, wobei i *alle natürlichen Zahlen und* U *alle Nullumgebungen von* E *durchläuft.*

Beweis. Im folgenden sei U eine beliebige absolutkonvexe und abgeschlossene Nullumgebung von E.

---

[1]) Man beachte die Voraussetzung (S. 67) über E.

Wir betrachten nun eine Menge $M \in \mathfrak{M}$ und bestimmen eine positive Zahl ϱ und eine natürliche Zahl i, so daß aus $\vec{\alpha}_n \in M$ stets $|\alpha_n| \leq \varrho$ für $n \leq i$ und $\alpha_n = 0$ für $n > i$ folgt.[1]) Dann besteht die Beziehung

$$\left(\frac{1}{i\varrho} U, i\right) \subset (M, U), \tag{1}$$

denn aus $\vec{x}_n \in \left(\frac{1}{i\varrho} U, i\right)$ ergibt sich für $\vec{\alpha}_n \in M$ und $a \in U^0$ die Ungleichung

$$\left|\sum_1^\infty \alpha_n \langle x_n, a\rangle\right| \leq \left|\sum_1^i \alpha_n \langle x_n, a\rangle\right| \leq 1 .$$

Ist andererseits M eine Menge aus $\mathfrak{M}$ mit $\vec{\varepsilon}_n(l) \in M$ für $l = 1, \ldots, i$, so hat man

$$(M, U) \subset (U, i), \tag{2}$$

denn für $\vec{x}_n \in (M, U)$ und $l = 1, \ldots, i$ ergeben sich die Aussagen

$$|\langle x_l, a\rangle| \leq 1 \quad \text{für} \quad a \in U^0 \quad \text{oder} \quad x_l \in U^{00} = U .$$

Nun folgt unsere Behauptung aus den Beziehungen (1) und (2).

Aus dem soeben bewiesenen Satz ergibt sich, daß $\Omega(E)$ auch als topologisches Produkt von abzählbar vielen lokalkonvexen Räumen E aufgefaßt werden kann. Deshalb gelten die beiden folgenden Sätze, die man auch mit den von uns verwendeten Methoden direkt ableiten könnte.

Satz 3.25. *Eine Teilmenge B von $\Omega(E)$ ist dann und nur dann beschränkt, wenn die Mengen $I_h(\mathsf{B})$ beschränkt sind.*[2])

Satz 3.26. *Eine Teilmenge K von $\Omega(E)$ ist dann und nur dann relativ $\mathfrak{M}$-kompakt, wenn die Mengen $I_h(\mathsf{K})$ relativ kompakt sind.*[3])

3.6. Verallgemeinerte Stufenräume

Im folgenden sei $\{\vec{\xi}_n^{[i]}\}$ ein beliebiges Stufensystem, aus dem wir den Stufenraum Σ erzeugen. Wegen $\mathfrak{K}(\Sigma^*) = \mathfrak{C}(\Sigma^*)$ ergibt sich

Satz 3.27. *Für* $\mathfrak{M} \subset \mathfrak{K}(\Sigma^*)$ *gilt* $[\Sigma(E)_{\mathfrak{M}}] = \Sigma(E)$.

Wir geben nun unter speziellen Voraussetzungen eine Charakterisierung der zu $\Sigma(E)$ gehörigen Folgen an.

Satz 3.28. *Wenn der lokalkonvexe Raum E ein abzählbares Fundamentalsystem von beschränkten Teilmengen besitzt, so besteht $\Sigma(E)$ aus allen Folgen $\vec{x}_n$ mit $x_n \in E$,*

---

[1]) M ist eine beschränkte Teilmenge von Φ. Vgl. Satz 3.21.

[2]) Vgl. [20], S. 158.

[3]) Satz von TYCHONOFF.

für die mit einer natürlichen Zahl k und einer beschränkten Teilmenge B von E die Beziehungen

$$x_n \in \xi_n^{[k]} B \quad \textit{mit} \quad n = 1,2,\ldots$$

gelten.[1])

Notwendigkeit. Wir betrachten ein Fundamentalsystem $\{B_i\}$, das aus absolutkonvexen und abgeschlossenen beschränkten Teilmengen von E besteht, und nehmen an, daß die Beziehungen

$$x_n \in \xi_n^{[i]} B_i \qquad \text{mit} \qquad n = 1,2,\ldots$$

für keine natürliche Zahl i gelten. Dann gibt es eine Folge von natürlichen Zahlen h_i mit

$$x_{h_i} \notin \xi_{h_i}^{[i]} B_i .$$

Da alle Mengen B_i absolutkonvex, abgeschlossen und beschränkt sind, kann man zu jedem i eine positive Zahl ϱ_i mit

$$x_{h_i} \notin (\xi_{h_i}^{[i]} + \varrho_i) B_i \tag{1}$$

bestimmen.

Wir setzen nun

$$\vec{\alpha}_n^{[i]} = (\xi_{h_i}^{[i]} + \varrho_i)^{-1} \vec{\varepsilon}_n(h_i)$$

und bilden die Menge

$$A = \{\vec{\alpha}_n^{[i]} : i = 1,2,\ldots\}.$$

Da für jede feste natürliche Zahl k und $i = 1,2,\ldots$ die Ungleichungen

$$\sum_{n=1}^{\infty} |\alpha_n^{[i]} \xi_n^{[k]}| = (\xi_{h_i}^{[i]} + \varrho_i)^{-1} \xi_{h_i}^{[k]} \leq \max\{\varrho_i^{-1} \xi_{h_i}^{[k]} : i < k\} + 1$$

gelten, ist A eine beschränkte Teilmenge von Σ^*.

Ist U eine beliebige absolutkonvexe und abgeschlossene Nullumgebung von E, so gibt es eine positive Zahl ϱ mit $\vec{x}_n \in \varrho(A, U)$. Daraus folgt

$$|\alpha_{h_i}^{[i]} \langle x_{h_i}, a\rangle| \leq \varrho \qquad \text{für} \qquad a \in U^0 \qquad \text{oder} \qquad \alpha_{h_i}^{[i]} x_{h_i} \in \varrho U^{00} = \varrho U .$$

Folglich ist

$$B = \{\alpha_{h_i}^{[i]} x_{h_i} : i = 1,2,\ldots\}$$

eine beschränkte Teilmenge von E, die nach Voraussetzung in einer Menge B_j liegen muß. Dann gilt aber

$$x_{h_j} \in (\xi_{h_j}^{[j]} + \varrho_j) B_j . \tag{2}$$

[1]) Vgl. Satz 3.20.

Da die Beziehungen (1) und (2) nicht gleichzeitig gelten können, muß unsere ursprüngliche Annahme falsch sein. Es gibt deshalb wenigstens eine natürliche Zahl k mit

$$x_n \in \xi_n^{[k]} B_k \qquad \text{für} \qquad n = 1,2,\ldots.$$

Hinlänglichkeit. Gibt es zu der Folge $\vec{x}_n$ mit $x_n \in E$ eine natürliche Zahl k und eine beschränkte Teilmenge B von E mit

$$x_n \in \xi_n^{[k]} B \qquad \text{für} \qquad n = 1,2,\ldots,$$

so bestimmen wir zu jedem $a \in E'$ eine positive Zahl ϱ, so daß aus $x \in B$ stets $|\langle x,a\rangle| \leq \varrho$ folgt. Nun ergibt sich die Ungleichung

$$|\langle x_n,a\rangle| \leq \xi_n^{[k]} \varrho \qquad \text{für} \qquad n = 1,2,\ldots.$$

Folglich liegt die Folge $\vec{x}_n$ skalar in Σ.

Daß die im vorigen Satz angegebene Charakterisierung der zu $\Sigma(E)$ gehörigen Folgen nicht für beliebiges E gilt, zeigt

Satz 3.29. *Der verallgemeinerte Stufenraum $\Sigma(E)$ besteht für jeden lokalkonvexen Raum E dann und nur dann aus allen Folgen $\vec{x}_n$ mit $x_n \in E$, für die mit einer natürlichen Zahl k und einer beschränkten Teilmenge B von E die Beziehungen*

$$x_n \in \xi_n^{[k]} B \qquad \text{mit} \qquad n = 1,2,\ldots$$

gelten, wenn Σ aus Σ^∞ durch eine Diagonaltransformation gewonnen werden kann.

Beweis. Da die Hinlänglichkeit der angegebenen Bedingung unmittelbar aus Satz 3.1 entnommen werden kann, haben wir nur noch deren Notwendigkeit zu zeigen.

Zu diesem Zweck setzen wir $E = \Sigma^*_{\mathfrak{B}(\Sigma)}$. Dann gehört die Folge $\vec{e}_n$ mit $e_n = \vec{\varepsilon}_l(n)$ zu $\Sigma(E)$, und es muß eine natürliche Zahl k und eine beschränkte Teilmenge B von Σ^* mit

$$e_n \in \xi_n^{[k]} B \qquad \text{für} \qquad n = 1,2,\ldots \tag{1}$$

geben. Nun bestimmen wir zu jeder natürlichen Zahl i eine positive Zahl ϱ_i mit

$$\sum_{l=1}^{\infty} |\alpha_l \xi_l^{[i]}| \leq \varrho_i \qquad \text{für} \qquad \vec{\alpha}_l \in B. \tag{2}$$

Da sich aus (1) und (2) die Abschätzungen

$$\xi_n^{[i]} \leq \varrho_i \, \xi_n^{[k]} \qquad \text{für} \qquad i = 1,2,\ldots$$

ergeben, kann Σ nach den Bemerkungen aus Abschnitt 3.1 durch eine Diagonaltransformation aus Σ^∞ gewonnen werden.

3.7. Verallgemeinerte gestufte Räume

Genauso wie im vorigen Abschnitt legen wir auch jetzt unseren Betrachtungen ein beliebiges Stufensystem $\{\vec{\xi}_n^{[i]}\}$ zugrunde und erzeugen den zugehörigen gestuften Raum Σ^*. Dann ergibt sich

Satz 3.30. *$\Sigma^*(E)$ besteht aus allen Folgen $\vec{x}_n$ mit $x_n \in E$, für die mit $a \in E'$ und $i = 1,2,\ldots$ stets $\sum_{n=1}^{\infty} |\langle x_n, a\rangle \xi_n^{[i]}| < +\infty$ gilt.*

Es zeigt sich, daß man für $\Sigma^*(E)$ in verallgemeinerter Form die gleichen Aussagen wie für $\Sigma^1(E)$ erhält. Da sich auch methodisch keine Schwierigkeiten ergeben, kann auf die Beweise der folgenden Sätze verzichtet werden.

Satz 3.31. *Ein Fundamentalsystem von Nullumgebungen der $\mathfrak{B}(\Sigma)$-Topologie von $\Sigma^*(E)$ wird durch das System aller Teilmengen*

$$(U)_i = \left\{\vec{x}_n : \vec{x}_n \in \Sigma^*(E) \quad \textit{mit} \quad \sum_{n\in\mathfrak{n}} x_n \xi_n^{[i]} \in U \quad \textit{für alle} \quad \mathfrak{n} \in \mathfrak{N}\right\}$$

gebildet, wobei i alle natürlichen Zahlen und U alle Nullumgebungen von E durchläuft.[1])

Satz 3.32. *Eine Teilmenge B von $\Sigma^*(E)$ ist dann und nur dann beschränkt, wenn es in E eine Folge von beschränkten Teilmengen B_i gibt, so daß für $\vec{x}_n \in \mathsf{B}, \mathfrak{n} \in \mathfrak{N}$ und $i = 1,2,\ldots$ stets $\sum_{n\in\mathfrak{n}} x_n \xi_n^{[i]} \in B_i$ gilt.*[2])

Satz 3.33. *$[\Sigma^*(E)_{\mathfrak{S}(\Sigma)}] = [\Sigma^*(E)_{\mathfrak{B}(\Sigma)}]$ besteht aus allen Folgen $\vec{x}_n$ mit $x_n \in E$, für die die Reihen $\sum_1^{\infty} x_n \xi_n^{[i]}$ mit $i = 1,2,\ldots$ in $\tilde{E}$ unbedingt summierbar sind.*[3])

3.8. Die verallgemeinerten vollkommenen Folgenräume $\Lambda(C_T)$

Wir beginnen diesen Abschnitt mit einer Charakterisierung der zu $\Lambda(C_T)$ gehörigen Folgen.

Satz 3.34. *$\Lambda(C_T)$ besteht aus allen Folgen $\vec{\varphi}_n$ mit $\varphi_n \in C_T$, für die es zu jeder Folge $\vec{\alpha}_n \in \Lambda^*$ eine positive Zahl ϱ mit*

$$\sum_1^{\infty} |\alpha_n \varphi_n(t)| \leq \varrho \qquad \textit{für} \qquad t \in T$$

gibt.

---

1) Vgl. Satz 3.11.
2) Vgl. Satz 3.12.
3) Vgl. Satz 3.13.

Beweis. Ist $\vec{\varphi}_n$ eine beliebige Folge aus $\Lambda(C_T)$, so existiert zu jeder Folge $\vec{\alpha}_n \in \Lambda^*$ und der Nullumgebung $V = \{\varphi : \varphi \in C_T \text{ mit } \|\varphi\| \leq 1\}$ von C_T eine positive Zahl ϱ mit

$$\sum_1^\infty |\alpha_n \langle \varphi_n, \mu \rangle| \leq \varrho \qquad \text{für} \qquad \mu \in V^0.$$

Da für jeden Punkt $t \in T$ das Diracsche Maß δ_t mit $\langle \varphi, \delta_t \rangle = \varphi(t)$ in V^0 liegt, ergibt sich

$$\sum_1^\infty |\alpha_n \varphi(t)| \leq \varrho \qquad \text{für} \qquad t \in T.$$

Besitzt andererseits eine Folge $\vec{\varphi}_n$ mit $\varphi_n \in C_T$ die angegebene Eigenschaft, so gelten für jedes Radonsche Maß μ die Ungleichungen

$$\sum_1^i |\alpha_n \langle \varphi_n, \mu \rangle| \leq \sum_1^i |\alpha_n| \langle |\varphi_n|, |\mu| \rangle \leq \left\langle \sum_1^i |\alpha_n \varphi_n|, |\mu| \right\rangle \leq \varrho \langle 1, |\mu| \rangle.$$

Folglich hat man auch

$$\sum_1^\infty |\alpha_n \langle \varphi_n, \mu \rangle| \leq \varrho \langle 1, |\mu| \rangle.$$

Damit ist nachgewiesen, daß die Folge $\vec{\varphi}_n$ skalar in Λ liegt.

Aus Satz 3.34 folgt, daß die Reihe $\sum_1^\infty \alpha_n \varphi_n(t)$ für $\vec{\alpha}_n \in \Lambda^*$ und $\vec{\varphi}_n \in \Lambda(C_T)$ stets konvergent ist. Die durch den Ansatz

$$f(t) = \sum_1^\infty \alpha_n \varphi_n(t)$$

definierte Funktion f ist jedoch im allgemeinen nicht stetig. Immerhin weiß man, daß f beschränkt und für jedes positive Radonsche Maß meßbar ist.

Im weiteren benötigen wir den folgenden

Hilfssatz. *Für zwei Folgen $\vec{\varphi}_n \in \Lambda(C_T)$ und $\vec{\alpha}_n \in \Lambda^*$ sind die Aussagen*

$$\left| \sum_1^\infty \alpha_n \langle \varphi_n, \mu \rangle \right| \leq 1 \qquad \textit{für} \qquad \mu \in V^0$$

und

$$\left| \sum_1^\infty \alpha_n \varphi_n(t) \right| \leq 1 \qquad \textit{für} \qquad t \in T$$

äquivalent.

Beweis. Besteht für alle $\mu \in V^0$ die Ungleichung

$$\left| \sum_1^\infty \alpha_n \langle \varphi_n, \mu \rangle \right| \leq 1,$$

dann gilt wegen $\delta_t \in V^0$ auch

$$\left| \sum_1^\infty \alpha_n \varphi_n(t) \right| \leq 1 \qquad \text{für} \qquad t \in T.$$

Wir betrachten nun eine Folge $\vec{\varphi}_n \in \Lambda(C_T)$ mit

$$\left| \sum_1^\infty \alpha_n \varphi_n(t) \right| \leq 1 \qquad \text{für} \qquad t \in T.$$

Dann gibt es eine positive Zahl ϱ mit

$$\sum_1^\infty |\alpha_n \varphi_n(t)| \leq \varrho \qquad \text{für} \qquad t \in T.$$

Ist μ ein beliebiges Radonsches Maß aus V^0, so hat man auch $|\mu| \in V^0$. Nach dem Satz von EGOROFF existiert zu jeder positiven Zahl ε eine natürliche Zahl i_ε und eine offene Teilmenge A_ε von T mit $|\mu|(A_\varepsilon) \leq \varepsilon$ und

$$\left| \sum_1^i \alpha_n \varphi_n(t) \right| \leq 1 + \varepsilon \qquad \text{für} \qquad i \geq i_\varepsilon \qquad \text{und} \qquad t \in T \setminus A_\varepsilon.$$

Nun ergibt sich für $i \geq i_\varepsilon$ die Ungleichung

$$\left| \sum_1^i \alpha_n \langle \varphi_n, \mu \rangle \right| \leq \left\langle \left| \sum_1^i \alpha_n \varphi_n \right|, |\mu| \right\rangle \leq \langle 1 + \varepsilon, |\mu| \rangle + \varrho |\mu| (A_\varepsilon) \leq 1 + \varepsilon + \varrho \varepsilon.$$

Folglich gilt auch

$$\left| \sum_1^\infty \alpha_n \langle \varphi_n, \mu \rangle \right| \leq 1 + \varepsilon + \varrho \varepsilon.$$

Da aber ε eine beliebige positive Zahl war, erhält man die Abschätzung

$$\left| \sum_1^\infty \alpha_n \langle \varphi_n, \mu \rangle \right| \leq 1 \qquad \text{für} \qquad \mu \in V^0.$$

Als unmittelbare Folgerungen aus dem soeben bewiesenen Hilfssatz ergeben sich die folgenden Sätze.

Satz 3.35. *Ein Fundamentalsystem von Nullumgebungen für jede $\mathfrak{M}$-Topologie von $\Lambda(C_T)$ wird durch das System aller Teilmengen*

$$(M) = \left\{ \vec{\varphi}_n : \vec{\varphi}_n \in \Lambda(C_T) \quad \textit{mit} \quad \left| \sum_1^\infty \alpha_n \varphi_n(t) \right| \leq 1 \quad \textit{für} \quad \vec{\alpha}_n \in M \quad \textit{und} \quad t \in T \right\}$$

gebildet, wobei M alle Mengen aus $\mathfrak{M}$ durchläuft.

Satz 3.36. *Eine Teilmenge* B *von* $\Lambda(C_T)$ *ist dann und nur dann beschränkt, wenn es zu jeder Folge* $\vec{\alpha}_n \in \Lambda^*$ *eine positive Zahl* ϱ *mit*

$$\sum_{1}^{\infty} |\alpha_n \varphi_n(t)| \leq \varrho \qquad \text{für} \qquad \vec{\varphi}_n \in \mathsf{B} \qquad \text{und} \qquad t \in T$$

gibt.

Satz 3.37. *Die normale Hülle einer Teilmenge* K *von* $\Lambda(C_T)$ *ist dann und nur dann relativ* $\mathfrak{M}$*-kompakt, wenn die Mengen* $I_h(\mathsf{K})$ *relativ kompakt sind und wenn es zu jeder Menge* $M \in \mathfrak{M}$ *eine natürliche Zahl i mit*

$$\sum_{i+1}^{\infty} |\alpha_n \varphi_n(t)| \leq 1 \qquad \text{für} \qquad \vec{\alpha}_n \in M, \ \vec{\varphi}_n \in \mathsf{K} \qquad \text{und} \qquad t \in T$$

gibt.

KAPITEL IV

VERALLGEMEINERTE DUALE FOLGENRÄUME

Dem verallgemeinerten vollkommenen Folgenraum $\Lambda(E)$ wird als Dual die Gesamtheit $\Lambda(E)^*$ aller Folgen $\vec{a}_n$ mit $a_n \in E'$ zugeordnet, für die mit beliebigem $\vec{x}_n \in \Lambda(E)$ stets $\sum_1^\infty |\langle x_n, a_n\rangle| < +\infty$ gilt. Wir zeigen, daß sich jede stetige Linearform $\boldsymbol{a} \in [\Lambda(E)_{\mathfrak{M}}]'$ auf eindeutige Weise in der Form

$$\langle \vec{x}_n, \boldsymbol{a}\rangle = \sum_1^\infty \langle x_n, a_n\rangle \qquad \text{mit} \qquad \vec{a}_n \in \Lambda(E)^*$$

darstellen läßt. Folglich kann $[\Lambda(E)_{\mathfrak{M}}]'$ stets mit einem linearen Unterraum von $\Lambda(E)^*$ identifiziert werden.

Der topologische Dual von $[\Lambda(E)_{\mathfrak{S}(\Lambda^*)}]$ wird auf ganz elementare Weise bestimmt. Dagegen benötigt man bereits zur Charakterisierung von $[\Lambda(E)_{\hat{\mathfrak{S}}(\Lambda^*)}]'$ Hilfsmittel aus der Maßtheorie. Ganz allgemein erhalten wir für die zu $[\Lambda(E)_{\mathfrak{M}}]'$ gehörigen Folgen aus $\Lambda(E)^*$ eine Integraldarstellung.

Im letzten Abschnitt werden für verschiedene $\mathfrak{M}$-Topologien die topologisch dualen Räume von $[\Sigma^\infty(E)_{\mathfrak{M}}]$ untersucht.

4.1. Der Dual von $\Lambda(E)$

Im folgenden wollen wir unter dem *Dual* $\Lambda(E)^*$ von $\Lambda(E)$ die Gesamtheit aller Folgen $\vec{a}_n$ mit $a_n \in E'$ verstehen, für die mit beliebigem $\vec{x}_n \in \Lambda(E)$ stets $\sum_1^\infty |\langle x_n, a_n\rangle| < +\infty$ gilt. Man erkennt sofort, daß $\Lambda(E)^*$ ein normaler Folgenraum über E' ist.

Durchläuft B alle beschränkten Teilmengen von E, so wird durch die auf E' erklärten Halbnormen

$$p_B(a) = \sup\{|\langle x, a\rangle| : x \in B\}$$

die $\mathfrak{B}(E)$-Topologie von E' erzeugt. Mit Hilfe dieser Halbnormen kann man eine interessante Eigenschaft der zu $\Lambda(E)^*$ gehörigen Folgen formulieren.

Satz 4.1. *Gehört die Folge $\vec{a}_n$ zu $\Lambda(E)^*$, so gilt für jede beschränkte Teilmenge B von E die Aussage $\overrightarrow{p_B(a_n)} \in \Lambda^*$.*

Beweis. Wir betrachten eine beliebige Folge $\vec{\xi}_n \in \Lambda$ und bestimmen eine Folge $\vec{x}_n$ mit $x_n \in B$ und

$$p_B(\xi_n a_n) \leq |\langle x_n, \xi_n a_n\rangle| + \frac{1}{2^n}.$$

Da die Folge $\overrightarrow{\xi_n x_n}$ wegen $x_n \in B$ skalar in Λ liegt, ergibt sich

$$\sum_1^\infty |\xi_n|\, p_B(a_n) \leq \sum_1^\infty |\langle \xi_n x_n, a_n\rangle| + 1 < +\infty.$$

Damit ist die Beziehung $\overrightarrow{p_B(a_n)} \in \Lambda^*$ bewiesen.

Im folgenden untersuchen wir die Bedeutung der zu $\Lambda(E)^*$ gehörigen Folgen für die Darstellung von stetigen Linearformen auf $\Lambda(E)$. Dazu benötigen wir den nachstehenden

Hilfssatz. *Für* $\vec{\gamma}_n \in \Gamma$ *und* $\vec{x}_n \in \Lambda(E)$ *gilt stets* $\overrightarrow{\gamma_n x_n} \in [\Lambda(E)_{\mathfrak{M}}]$.[1])

Beweis. Wir betrachten eine beliebige Menge $M \in \mathfrak{M}$ und eine Nullumgebung U von E. Dann gibt es eine positive Zahl ϱ mit

$$\sum_1^\infty |\alpha_n \langle x_n, a\rangle| \leq \varrho \qquad \text{für} \qquad \vec{\alpha}_n \in M \qquad \text{und} \qquad a \in U^0.$$

Wenn wir nun zu der Nullfolge $\vec{\gamma}_n$ eine natürliche Zahl i mit $|\gamma_n| \leq \frac{1}{\varrho}$ für $n > i$ bestimmen, ergibt sich die Ungleichung

$$\sum_{i+1}^\infty |\alpha_n \langle \gamma_n x_n, a\rangle| \leq \frac{1}{\varrho} \sum_{i+1}^\infty |\alpha_n \langle x_n, a\rangle| \leq 1 \quad \text{für} \quad \vec{\alpha}_n \in M \quad \text{und} \quad a \in U^0.$$

Damit ist wegen Satz 2.14 die Beziehung $\overrightarrow{\gamma_n x_n} \in [\Lambda(E)_{\mathfrak{M}}]$ bewiesen.

Satz 4.2. *Jede stetige Linearform* $\boldsymbol{a} \in [\Lambda(E)_{\mathfrak{M}}]'$ *kann auf eindeutige Weise in der Form*

$$\langle \vec{x}_n, \boldsymbol{a}\rangle = \sum_1^\infty \langle x_n, a_n\rangle \qquad \textit{mit} \qquad \vec{a}_n \in \Lambda(E)^*$$

dargestellt werden.

Beweis. Falls eine Linearform $\boldsymbol{a}$ die Form

$$\langle \vec{x}_n, \boldsymbol{a}\rangle = \sum_1^\infty \langle x_n, a_n\rangle \qquad \text{mit} \qquad a_n \in E'$$

hat, ergibt sich

$$\langle \vec{\varepsilon}_n(h) x, \boldsymbol{a}\rangle = \langle x, a_h\rangle.$$

---

[1]) Vgl. Satz 1.11.

Die Folge $\vec{a}_n$ ist demnach durch $\boldsymbol{a}$ eindeutig bestimmt. Wir bilden deshalb für jede stetige Linearform $\boldsymbol{a} \in [\Lambda(E)_{\mathfrak{M}}]'$ die Linearformen a_l mit

$$\langle x, a_l \rangle = \langle \vec{\varepsilon}_n(l) x, \boldsymbol{a} \rangle .$$

Zu $\boldsymbol{a}$ gibt es eine Menge $M \in \mathfrak{M}$ und eine Nullumgebung U von E mit

$$|\langle \vec{x}_n, \boldsymbol{a} \rangle| \leq 1 \qquad \text{für} \qquad \vec{x}_n \in (M, U) \cap [\Lambda(E)_{\mathfrak{M}}].$$

Wir bestimmen nun positive Zahlen ϱ_l mit $\vec{\varepsilon}_n(l) \in \varrho_l M^0$. Dann gilt

$$\vec{\varepsilon}_n(l) \langle x, a \rangle \in \varrho_l M^0 \qquad \text{für} \qquad x \in U \qquad \text{und} \qquad a \in U^0.$$

Folglich hat man

$$\vec{\varepsilon}_n(l) x \in \varrho_l (M, U) \cap [\Lambda(E)_{\mathfrak{M}}] \qquad \text{für} \qquad x \in U.$$

Nun ergibt sich die Beziehung

$$|\langle x, a_l \rangle| \leq \varrho_l \qquad \text{für} \qquad x \in U.$$

Damit haben wir bewiesen, daß die Linearformen a_l stetig sind.

Ist $\vec{x}_n$ eine beliebige Folge aus $[\Lambda(E)_{\mathfrak{M}}]$, so ergibt sich wegen $\mathfrak{M}\text{-}\lim\limits_{i \to \infty} \vec{x}_n(\leq i) = \vec{x}_n$ für die Linearform $\boldsymbol{a}$ die Darstellung

$$\langle \vec{x}_n, \boldsymbol{a} \rangle = \lim_{i \to \infty} \langle \vec{x}_n(\leq i), \boldsymbol{a} \rangle = \lim_{i \to \infty} \sum_{l=1}^{i} \langle \vec{\varepsilon}_n(l) x_l, \boldsymbol{a} \rangle = \sum_{1}^{\infty} \langle x_l, a_l \rangle .$$

Zum Nachweis, daß die Folge $\vec{a}_l$ zu $\Lambda(E)^*$ gehört, betrachten wir eine beliebige Folge $\vec{x}_l \in \Lambda(E)$. Wenn man nun zu jeder Nullfolge $\vec{\gamma}_l$ eine Folge $\vec{\lambda}_l$ mit

$$|\lambda_l| = 1 \qquad \text{und} \qquad |\gamma_l \langle x_l, a_l \rangle| = \langle \lambda_l \gamma_l x_l, a_l \rangle$$

bestimmt, ergibt sich wegen $\overrightarrow{\lambda_l \gamma_l x_l} \in [\Lambda(E)_{\mathfrak{M}}]$ die Abschätzung

$$\sum_{1}^{\infty} |\gamma_l \langle x_l, a_l \rangle| = \sum_{1}^{\infty} \langle \lambda_l \gamma_l x_l, a_l \rangle = \langle \overrightarrow{\lambda_l \gamma_l x_l}, \boldsymbol{a} \rangle < +\infty .$$

Da $\vec{\gamma}_n$ eine beliebige Nullfolge sein konnte, gilt demnach auch

$$\sum_{1}^{\infty} |\langle x_l, a_l \rangle| < +\infty .$$

Damit ist die Aussage $\vec{a}_l \in \Lambda(E)^*$ bewiesen.

Als Gegenstück zu Satz 4.2 erhalten wir

Satz 4.3. *Für jede Folge $\vec{a}_n \in \Lambda(E)^*$ wird durch den Ansatz*

$$\langle \vec{x}_n, \boldsymbol{a} \rangle = \sum_{1}^{\infty} \langle x_n, a_n \rangle$$

eine Linearform $\boldsymbol{a}$ *auf* $\Lambda(E)$ *definiert, so daß*

$$\mathsf{A} = \left\{ \vec{x}_n : \vec{x}_n \in \Lambda(E) \quad mit \quad \sum_1^\infty |\langle x_n, a_n\rangle| \leq 1 \right\}$$

eine absolutkonvexe, $\mathfrak{M}$*-abgeschlossene und absorbierende Teilmenge von* $\Lambda(E)$ *ist. Wenn* E *als folgenvollständig vorausgesetzt wird, absorbiert* A *sogar alle beschränkten Teilmengen von* $\Lambda(E)$.

Beweis. Unmittelbar aus der Definition von A ergibt sich die Aussage, daß A eine absolutkonvexe und absorbierende Teilmenge von $\Lambda(E)$ ist. Zum Nachweis, daß A auch $\mathfrak{M}$-abgeschlossen sein muß, betrachten wir eine beliebige verallgemeinerte Folge $\{\vec{x}_n^{[\nu]}\}$ aus A mit $\mathfrak{M}\text{-}\lim_\nu \vec{x}_n^{[\nu]} = \vec{x}_n$. Dann ergibt sich wegen der komponentenweisen Konvergenz aus

$$\sum_1^\infty |\langle x_n^{[\nu]}, a_n\rangle| \leq 1$$

durch Grenzübergang die Ungleichung

$$\sum_1^\infty |\langle x_n, a_n\rangle| \leq 1\,.$$

Folglich gehört auch $\vec{x}_n$ zu A.

Wir setzen nun voraus, daß E folgenvollständig sein soll, und nehmen an, daß es eine normale und beschränkte Teilmenge B von $\Lambda(E)$ gibt, auf der $\boldsymbol{a}$ nicht beschränkt ist. Dann existiert zu jeder natürlichen Zahl i eine Folge $\vec{x}_n^{[i]} \in \mathsf{B}$ mit

$$\sum_{n=1}^\infty \langle x_n^{[i]}, a_n\rangle \geq 2^i \qquad \text{und} \qquad \langle x_n^{[i]}, a_n\rangle \geq 0\,.$$

Weil $\Lambda(E)_{\mathfrak{B}(\Lambda^*)}$ folgenvollständig ist, wird durch den Ansatz

$$\vec{x}_n = \sum_{i=1}^\infty \frac{1}{2^i}\,\vec{x}_n^{[i]}$$

eine Folge $\vec{x}_n \in \Lambda(E)$ definiert. Nun ergeben sich für jede natürliche Zahl p die Beziehungen

$$\langle x_n, a_n\rangle = \sum_{i=1}^\infty \frac{1}{2^i}\,\langle x_n^{[i]}, a_n\rangle \geq \sum_{i=1}^p \frac{1}{2^i}\,\langle x_n^{[i]}, a_n\rangle\,,$$

aus denen man die Ungleichung

$$\sum_{n=1}^\infty \langle x_n, a_n\rangle \geq \sum_{i=1}^p \frac{1}{2^i}\,\sum_{n=1}^\infty \langle x_n^{[i]}, a_n\rangle \geq p$$

erhält. Folglich müßte

$$\sum_1^\infty \langle x_n, a_n\rangle = +\infty$$

gelten. Das kann aber wegen $\vec{a}_n \in \Lambda(E)^*$ nicht sein. Aus dem aufgetretenen Widerspruch folgt, daß es zu jeder normalen und beschränkten Teilmenge B von $\Lambda(E)$ eine positive Zahl ϱ mit

$$\left|\sum_1^\infty \langle x_n, a_n\rangle\right| \leq \varrho \qquad \text{für} \qquad \vec{x}_n \in \mathsf{B}$$

geben muß. Folglich gilt auch $\mathsf{B} \subset \varrho\,\mathsf{A}$.[1])

Durch Zusammenfassung von Satz 4.2 und Satz 4.3 erhalten wir abschließend

Satz 4.4. *Wenn $[\Lambda(E)_{\mathfrak{B}(\Lambda^*)}]$ tonneliert ist, kann der topologische Dual von $[\Lambda(E)_{\mathfrak{B}(\Lambda^*)}]$ mit $\Lambda(E)^*$ identifiziert werden.*

4.2. Der Dual von $\Sigma^1(C_T)$

In diesem Abschnitt bestimmen wir den Dual des verallgemeinerten Folgenraumes $\Sigma^1(C_T)$. Die dabei gewonnenen Aussagen werden sich später für die allgemeine Theorie als sehr nützlich erweisen. Es gilt

Satz 4.5. *$\Sigma^1(C_T)^*$ besteht aus allen Folgen $\vec{\mu}_n$ mit $\mu_n \in M_T$, zu denen es ein positives Radonsches Maß $\mu \in M_T$ mit $|\mu_n| \leq \mu$ gibt.*

Beweis. Wir zeigen zuerst, daß für jede Folge $\vec{\mu}_n \in \Sigma^1(C_T)^*$ durch den Ansatz

$$\langle \varphi, \mu\rangle = \sup\left\{\sum_1^\infty |\langle \psi_n, \mu_n\rangle| \;:\; \psi_n \in C_T \quad \text{mit} \quad \sum_1^\infty |\psi_n| \leq \varphi\right\}$$

auf C_T^+ eine positiv homogene und additive Funktion erklärt wird.

Weil $\mathsf{B}(\varphi) = \left\{\vec{\psi}_n : \psi_n \in C_T \text{ mit } \sum_1^\infty |\psi_n| \leq \varphi\right\}$ nach Satz 3.36 eine beschränkte Teilmenge von $\Sigma^1(C_T)$ ist, gibt es nach Satz 4.3 eine positive Zahl ϱ mit

$$\sum_1^\infty |\langle \psi_n, \mu_n\rangle| \leq \varrho \quad \text{für} \quad \psi_n \in C_T \quad \text{mit} \quad \sum_1^\infty |\psi_n| \leq \varphi.$$

Damit ist die Existenz der oben definierten Funktion μ nachgewiesen.

Da man unmittelbar aus der Definition entnehmen kann, daß μ positiv homogen ist, müssen wir nur noch die Additivität von μ beweisen. Zu diesem Zweck betrachten wir zwei Funktionen $\varphi_1, \varphi_2 \in C_T^+$ und zerlegen T in die Mengen

$$G = \{t : \varphi_1(t) + \varphi_2(t) > 0\} \qquad \text{und} \qquad F = \{t : \varphi_1(t) + \varphi_2(t) = 0\}.$$

1) Der zweite Teil des Beweises kann auch unmittelbar aus [5] (Chap. III, Lemma 1, S. 21) entnommen werden. Wir bemerken, daß man den von uns angegebenen Beweis so modifizieren kann, daß die Folgenvollständigkeit von E nicht benötigt wird.

Dann sind die beiden Funktionen

$$\chi_i(t) = \left\{ \begin{array}{ll} \dfrac{\varphi_i(t)}{\varphi_1(t) + \varphi_2(t)} & \text{für} \quad t \in G \\ \dfrac{1}{2} & \text{für} \quad t \in F \end{array} \right\} \text{mit } i = 1, 2,$$

für die $0 \leq \chi_i(t) \leq 1$ und $\chi_1(t) + \chi_2(t) = 1$ gilt, im allgemeinen nur auf G stetig. Dagegen ergibt sich, daß für eine beliebige Folge $\vec{\psi}_n$ mit $\psi_n \in C_T$ und $\sum_1^\infty |\psi_n| \leq \varphi_1 + \varphi_2$ die Funktionen $\chi_i \psi_n$ auf T stetig sind, weil für $t \in F$ stets $\psi_n(t) = 0$ gilt. Außerdem hat man $\sum_{n=1}^\infty |\chi_i \psi_n| \leq \varphi_i$. Folglich ergibt sich

$$\sum_1^\infty |\langle \psi_n, \mu_n \rangle| \leq \sum_1^\infty |\langle \chi_1 \psi_n, \mu_n \rangle| + \sum_1^\infty |\langle \chi_2 \psi_n, \mu_n \rangle| \leq \langle \varphi_1, \mu \rangle + \langle \varphi_2, \mu \rangle.$$

Damit ist die Ungleichung

$$\langle \varphi_1 + \varphi_2, \mu \rangle \leq \langle \varphi_1, \mu \rangle + \langle \varphi_2, \mu \rangle$$

bewiesen.

Hat man andererseits zwei Folgen $\vec{\psi}_n^{[i]}$ $(i = 1, 2)$ mit $\psi_n^{[i]} \in C_T$ und $\sum_{n=1}^\infty |\psi_n^{[i]}| \leq \varphi_i$, so bestimmen wir komplexe Zahlen $\lambda_n^{[i]}$ mit

$$|\lambda_n^{[i]}| = 1 \quad \text{und} \quad |\langle \psi_n^{[i]}, \mu_n \rangle| = \langle \lambda_n^{[i]} \psi_n^{[i]}, \mu_n \rangle.$$

Dann gilt

$$\sum_1^\infty |\langle \psi_n^{[1]}, \mu_n \rangle| + \sum_1^\infty |\langle \psi_n^{[2]}, \mu_n \rangle| = \sum_1^\infty \langle \lambda_n^{[1]} \psi_n^{[1]} + \lambda_n^{[2]} \psi_n^{[1]}, \mu_n \rangle \leq \langle \varphi_1 + \varphi_2, \mu \rangle,$$

und man erhält die Ungleichung

$$\langle \varphi_1, \mu \rangle + \langle \varphi_2, \mu \rangle \leq \langle \varphi_1 + \varphi_2, \mu \rangle.$$

Damit ist die behauptete Additivität von μ auf C_T^+ nachgewiesen.

Nun ergibt sich aus der Beziehung

$$C_T = C_T^+ - C_T^+ + i C_T^+ - i C_T^+,$$

daß durch μ auf C_T ein eindeutig bestimmtes positives Radonsches Maß erzeugt wird, das wir ebenfalls mit μ bezeichnen wollen.[1]

Für $\psi \in C_T$ gehört die Folge $\vec{\psi}_n = \vec{\varepsilon}_n(l)\psi$ zu $\Sigma^1(C_T)$, und es gilt $\sum_1^\infty |\psi_n| = |\psi|$. Hat man $|\psi| \leq \varphi$ mit $\varphi \in C_T^+$, so ergibt sich

$$\langle \varphi, \mu \rangle \geq \sum_1^\infty |\langle \psi_n, \mu_n \rangle| = |\langle \psi, \mu_l \rangle| \quad \text{oder} \quad \langle \varphi, \mu \rangle \geq \langle \varphi, |\mu_l| \rangle.^{2)}$$

---

[1] Vgl. [4], Prop. 2 auf S. 34 und Théorèm 1 auf S. 44.

[2] Nach Definition hat man $\langle \varphi, |\mu_l| \rangle = \sup \{ |\langle \psi, \mu_l \rangle| : \psi \in C_T \text{ mit } |\psi| \leq \varphi \}$.

Also gilt wie behauptet für das positive Radonsche Maß μ die Beziehung

$$|\mu_i| \leq \mu.$$

Ist andererseits $\vec{\mu}_n$ eine Folge mit $\mu_n \in M_T$ und $|\mu_n| \leq \mu$, so ergeben sich für jede Folge $\vec{\varphi}_n \in \Sigma^1(C_T)$ wegen

$$\sup\left\{\sum_1^\infty |\varphi_n(t)| : t \in T\right\} = \varrho < +\infty$$

die Abschätzungen

$$\sum_1^i |\langle\varphi_n, \mu_n\rangle| \leq \sum_1^i \langle|\varphi_n|, |\mu_n|\rangle \leq \left\langle \sum_1^i |\varphi_n|, \mu \right\rangle \leq \varrho\,\langle 1, \mu\rangle.$$

Folglich hat man auch

$$\sum_1^\infty |\langle\varphi_n, \mu_n\rangle| \leq \varrho\,\langle 1, \mu\rangle.$$

Damit ist die Aussage $\vec{\mu}_n \in \Sigma^1(C_T)^*$ bewiesen.

4.3. Der topologische Dual von $[\Lambda(E)_{\mathfrak{S}(\Delta)}]$

Es gilt

Satz 4.6. *Der topologische Dual von* $[\Lambda(E)_{\mathfrak{S}(\Delta)}]$ *kann mit der Gesamtheit aller Folgen* $\vec{a}_n$ *identifiziert werden, die sich mit* $\vec{\alpha}_n^{[i]} \in \Delta$ *und* $b_i \in E'$ *in der Form*

$$\vec{a}_n = \sum_{i=1}^r \vec{\alpha}_n^{[i]}\, b_i$$

darstellen lassen.

Beweis. Zu der stetigen Linearform $\boldsymbol{a} \in [\Lambda(E)_{\mathfrak{S}(\Delta)}]'$, die sich mit $\vec{a}_n \in \Lambda(E)^*$ in der Form

$$\langle\vec{x}_n, \boldsymbol{a}\rangle = \sum_1^\infty \langle x_n, a_n\rangle$$

darstellen läßt, gibt es eine endliche Teilmenge $S = \{\vec{\alpha}_n^{[1]}, \ldots, \vec{\alpha}_n^{[s]}\}$ von Δ und eine Nullumgebung U von E, so daß

$$\left|\sum_1^\infty \langle x_n, a_n\rangle\right| \leq 1 \qquad \text{für} \qquad \vec{x}_n \in (S, U) \cap [\Lambda(E)_{\mathfrak{S}(\Delta)}] \tag{1}$$

gilt.

Da die Aussage (1) erhalten bleibt, wenn man S vergrößert, kann stets angenommen werden, daß S nicht nur aus der Folge $\vec{o}_n$ besteht. Dann gilt für den Rang r der Matrix

$$A = \begin{pmatrix} \alpha_1^{[1]}, & \dots, & \alpha_n^{[1]}, & \dots \\ \vdots & & \vdots & \\ \alpha_1^{[s]}, & \dots, & \alpha_n^{[s]}, & \dots \end{pmatrix}$$

die Ungleichung $1 \leq r \leq s$. Es gibt demnach eine nicht verschwindende Unterdeterminante der Ordnung r, und man kann ohne Beschränkung der Allgemeinheit voraussetzen, daß sogar

$$\begin{vmatrix} \alpha_1^{[1]}, & \dots, & \alpha_r^{[1]} \\ \vdots & & \vdots \\ \alpha_1^{[r]}, & \dots, & \alpha_r^{[r]} \end{vmatrix} \neq 0 \tag{2}$$

gilt. Dann sind die Spalten $1, \dots, r$ der Matrix A linear unabhängig, und zu jeder natürlichen Zahl l mit $l > r$ gibt es komplexe Zahlen λ_{nl} mit

$$\alpha_l^{[i]} = \sum_{n=1}^{r} \alpha_n^{[i]} \lambda_{nl} \qquad \text{für} \qquad i = 1, \dots, s. \tag{3}$$

Wir definieren nun für beliebiges $x \in E$ durch den Ansatz

$$x_n^{[l]} = \begin{cases} \lambda_{nl} x & \text{für} \quad n \leq r, \\ -x & \text{für} \quad n = l, \\ o & \text{für} \quad n > r \ \text{und} \ n \neq l \end{cases}$$

die Folgen $\vec{x}_n^{[l]} \in [\Lambda(E)_{\mathfrak{S}(\Delta)}]$, für die wegen (3) mit beliebigem $a \in E'$ stets

$$\sum_{n=1}^{\infty} \alpha_n^{[i]} \langle x_n^{[l]}, a \rangle = \left\langle \left(\sum_{n=1}^{r} \alpha_n^{[i]} \lambda_{nl} - \alpha_l^{[i]} \right) x, a \right\rangle = 0$$

gilt. Folglich hat man

$$\vec{x}_n^{[l]} \in (S, U) \cap [\Lambda(E)_{\mathfrak{S}(\Delta)}],$$

und es ergeben sich wegen

$$\sum_{n=1}^{\infty} \langle x_n^{[l]}, a_n \rangle = \sum_{n=1}^{r} \lambda_{nl} \langle x, a_n \rangle - \langle x, a_l \rangle$$

für alle $x \in E$ die Abschätzungen

$$\left| \sum_{n=1}^{r} \lambda_{nl} \langle x, a_n \rangle - \langle x, a_l \rangle \right| \leq 1.$$

6*

Demnach bestehen die Beziehungen

$$a_l = \sum_{n=1}^{r} \lambda_{nl}\, a_n \qquad \text{für} \qquad l > r. \tag{4}$$

Da es wegen (2) in E' Elemente $b_i (i = 1, \ldots, r)$ mit

$$a_n = \sum_{i=1}^{r} \alpha_n^{[i]} b_i \qquad \text{für} \qquad n \leq r \tag{5}$$

gibt, erhält man aus (3), (4) und (5)

$$a_l = \sum_{i=1}^{r} \sum_{n=1}^{r} \lambda_{nl}\, \alpha_n^{[i]} b_i = \sum_{i=1}^{r} \alpha_l^{[i]} b_i \qquad \text{für} \qquad l > r. \tag{6}$$

Durch Zusammenfassung von (5) und (6) ergibt sich für die Folge $\vec{a}_n$ wie behauptet die Darstellung

$$\vec{a}_n = \sum_{i=1}^{r} \vec{\alpha}_n^{[i]} b_i. \tag{7}$$

Besitzt andererseits eine Folge $\vec{a}_n$ die angegebene Darstellung, so gilt für $\vec{x}_n \in \Lambda(E)$ wegen $\overrightarrow{\langle x_n, b_i\rangle} \in \Lambda$ für $i = 1, \ldots, r$ die Ungleichung

$$\sum_{1}^{\infty} |\langle x_n, a_n\rangle| \leq \sum_{i=1}^{r} \sum_{n=1}^{\infty} |\alpha_n^{[i]} \langle x_n, b_i\rangle| < +\infty.$$

Folglich gehört die Folge $\vec{a}_n$ zu $\Lambda(E)^*$, und durch den Ansatz

$$\langle \vec{x}_n, \boldsymbol{a}\rangle = \sum_{1}^{\infty} \langle x_n, a_n\rangle = \sum_{n=1}^{\infty} \sum_{i=1}^{r} \alpha_n^{[i]} \langle x_n, b_i\rangle \tag{8}$$

wird auf $\Lambda(E)$ eine Linearform $\boldsymbol{a}$ definiert. Nun bestimmen wir eine Nullumgebung U von E mit $b_i \in U^0$. Dann ergeben sich mit $S = \{\vec{\alpha}_n^{[1]}, \ldots, \vec{\alpha}_n^{[r]}\}$ die Ungleichungen

$$\left| \sum_{n=1}^{\infty} \alpha_n^{[i]} \langle x_n, b_i\rangle \right| \leq 1 \qquad \text{für} \qquad \vec{x}_n \in (S, U) \qquad \text{und} \qquad i = 1, \ldots, r.$$

Also hat man wegen (8) die Aussage

$$|\langle \vec{x}_n, \boldsymbol{a}\rangle| \leq r \qquad \text{für} \qquad \vec{x}_n \in (S, U).$$

Damit ist nachgewiesen, daß $\boldsymbol{a}$ eine stetige Linearform auf $\Lambda(E)_{\mathfrak{S}(\Delta)}$ und somit auch auf $[\Lambda(E)_{\mathfrak{S}(\Delta)}]$ ist.

Eine einfache Umformung von Satz 4.6 ergibt

Satz 4.7. *Der topologische Dual von $[\Lambda(E)_{\mathfrak{S}(\Delta)}]$ kann mit der Gesamtheit aller Folgen $\vec{a}_n$ identifiziert werden, die sich mit $\vec{\alpha}_n \in \Delta$ und $s_n \in S$ in der Form $\vec{a}_n = \overrightarrow{\alpha_n s_n}$*

darstellen lassen. Dabei durchläuft S alle endlichdimensionalen und beschränkten Teilmengen von E'.

Beweis. Besitzt die Folge $\vec{a}_n$ die Darstellung

$$\vec{a}_n = \sum_{i=1}^{r} \vec{\alpha}_n^{[i]} b_i \qquad \text{mit} \qquad \vec{\alpha}_n^{[i]} \in \Delta \qquad \text{und} \qquad b_i \in E',$$

so gehört die Folge $\vec{\alpha}_n = \sum_{i=1}^{r} |\vec{\alpha}_n^{[i]}|$ zu Δ. Wenn wir

$$\lambda_n^{[i]} = \begin{cases} \dfrac{\alpha_n^{[i]}}{\alpha_n} & \text{für} \quad \alpha_n > 0, \\ 0 & \text{für} \quad \alpha_n = 0 \end{cases}$$

setzen, gilt $\sum_{i=1}^{r} |\lambda_n^{[i]}| \leq 1$, und die Elemente

$$s_n = \sum_{i=1}^{r} \lambda_n^{[i]} b_i$$

liegen in der absolutkonvexen Hülle S der Menge $\{b_1, \ldots, b_r\}$. Hat man $\alpha_n = 0$, so gilt $\alpha_n^{[i]} = 0$. Folglich ergibt sich $a_n = 0$, und es besteht automatisch die Beziehung $a_n = \alpha_n s_n$, die wir im Fall $\alpha_n > 0$ direkt erhalten:

$$a_n = \sum_{i=1}^{r} \alpha_n^{[i]} b_i = \alpha_n \sum_{i=1}^{r} \lambda_n^{[i]} b_i = \alpha_n s_n .$$

Wir betrachten nun eine Folge der Form $\vec{a}_n = \overrightarrow{\alpha_n s_n}$ mit $\vec{\alpha}_n \in \Delta$ und $s_n \in S$. Da S eine endlichdimensionale und beschränkte Teilmenge von E' sein soll, existieren endlich viele Elemente $b_i \in E'$ $(i = 1, \ldots, r)$, so daß S in der absolutkonvexen Hülle der b_i enthalten ist. Folglich gilt

$$s_n = \sum_{i=1}^{r} \lambda_n^{[i]} b_i \qquad \text{mit} \qquad \sum_{i=1}^{r} |\lambda_n^{[i]}| \leq 1 .$$

Schließlich ergibt sich, wenn wir die zu Δ gehörigen Folgen $\vec{\alpha}_n^{[i]} = \overrightarrow{\lambda_n^{[i]} \alpha_n}$ bilden,

$$a_n = \alpha_n s_n = \alpha_n \sum_{i=1}^{r} \lambda_n^{[i]} b_i = \sum_{i=1}^{r} \alpha_n^{[i]} b_i .$$

4.4. Der topologische Dual von $[\Lambda(E)_{\hat{\mathfrak{S}}(\Delta)}]$

Da U^0 für jede Nullumgebung U von E eine $\mathfrak{S}(E)$-kompakte Teilmenge von E' ist, kann man den Banachraum C_{U^0} bilden. Der Folgenraum $\Sigma^1(C_{U^0})_{\mathfrak{B}(\Sigma^\infty)}$ ist dann ebenfalls ein Banachraum, dessen abgeschlossene Einheitskugel die Gestalt

$$V = \left\{ \vec{\varphi}_n : \varphi_n \in C_{U^0} \quad \text{mit} \quad \sum_{1}^{\infty} |\varphi_n(a)| \leq 1 \quad \text{für} \quad a \in U^0 \right\}$$

hat.

Im weiteren benötigen wir den folgenden

Hilfssatz. *Für jede Folge* $\vec{\alpha}_n \in \Lambda^*$ *wird durch den Ansatz*

$$A(\vec{x}_n) = \vec{\varphi}_n \qquad \textit{mit} \qquad \varphi_n(a) = \alpha_n \langle x_n, a \rangle$$

eine lineare Abbildung A *von* $\Lambda(E)$ *in* $\Sigma^1(C_{U^0})$ *definiert, für die* $(N(\vec{\alpha}_n), U) = A^{-1}(V)$ *gilt.*

Beweis. Ist $\vec{x}_n$ eine beliebige Folge aus $\Lambda(E)$, so existiert eine positive Zahl ϱ mit

$$\sum_1^\infty |\alpha_n \langle x_n, a \rangle| \leq \varrho \qquad \text{für} \qquad a \in U^0.$$

Demnach gehört die Folge $\vec{\varphi}_n$ mit $\varphi_n(a) = \alpha_n \langle x_n, a \rangle$ zu $\Sigma^1(C_{U^0})$. Außerdem ergibt sich wegen

$$(N(\vec{\alpha}_n), U) = \left\{ \vec{x}_n : \vec{x}_n \in \Lambda(E) \quad \text{mit} \quad \sum_1^\infty |\alpha_n \langle x_n, a \rangle| \leq 1 \quad \text{für} \quad a \in U^0 \right\}$$

die Beziehung

$$(N(\vec{\alpha}_n), U) = A^{-1}(V).$$

Wir wollen eine Teilmenge D von E' *pränuklear* nennen, wenn es eine Nullumgebung U von E und auf U^0 ein positives Radonsches Maß μ mit

$$|\langle x, d \rangle| \leq \int_{U^0} |\langle x, a \rangle| \, d\mu \qquad \text{für} \qquad d \in D \qquad \text{und} \qquad x \in E$$

gibt.[1)]

Nach dieser Festsetzung erhalten wir

Satz 4.8. *Der topologische Dual von* $[\Lambda(E)_{\hat{\mathfrak{S}}(\Delta)}]$ *kann mit der Gesamtheit aller Folgen* $\vec{a}_n$ *identifiziert werden, die sich mit* $\vec{\alpha}_n \in \Delta$ *und* $d_n \in D$ *in der Form* $\vec{a}_n = \overrightarrow{\alpha_n d_n}$ *darstellen lassen. Dabei durchläuft* D *alle pränuklearen Teilmengen von* E'.

Beweis. Wir betrachten eine beliebige stetige Linearform $\boldsymbol{a} \in [\Lambda(E)_{\hat{\mathfrak{S}}(\Delta)}]'$ und bestimmen eine Menge $M \in \hat{\mathfrak{S}}(\Delta)$ und eine Nullumgebung U von E, so daß

$$|\langle \vec{x}_n, \boldsymbol{a} \rangle| \leq 1 \qquad \text{für} \qquad \vec{x}_n \in (M, U) \cap [\Lambda(E)_{\hat{\mathfrak{S}}(\Delta)}]$$

gilt. Da M in der normalen Hülle einer Menge $S = \{\vec{\alpha}_n^{[1]}, \ldots, \vec{\alpha}_n^{[s]}\}$ mit $\alpha_n^{[i]} \in \Delta$ enthalten ist, besteht mit $\vec{\alpha}_n = \sum_1^s |\vec{\alpha}_n^{[i]}| \in \Delta$ die Beziehung $M \subset N(\vec{\alpha}_n)$. Deshalb gilt auch

$$|\langle \vec{x}_n, \boldsymbol{a} \rangle| \leq 1 \qquad \text{für} \qquad \vec{x}_n \in (N(\vec{\alpha}_n), U) \cap [\Lambda(E)_{\hat{\mathfrak{S}}(\Delta)}].$$

Ist A die zu der Folge $\vec{\alpha}_n$ gehörige Abbildung von $\Lambda(E)$ in $\Sigma^1(C_{U^0})$, so wird durch den Ansatz

$$\langle \vec{\varphi}_n, \boldsymbol{d}_0 \rangle = \langle \vec{x}_n, \boldsymbol{a} \rangle \qquad \text{mit} \qquad \vec{\varphi}_n = A\vec{x}_n \qquad \text{und} \qquad \vec{x}_n \in [\Lambda(E)_{\hat{\mathfrak{S}}(\Delta)}]$$

1) Vgl. [24].

auf den Unterraum $A[\Lambda(E)_{\mathfrak{S}(\Delta)}]$ von $\Sigma^1(C_{U^0})_{\mathfrak{B}(\Sigma^\infty)}$ eine stetige Linearform $\boldsymbol{d}_0$ definiert. Um zu zeigen, daß $\langle\vec{\varphi}_n, \boldsymbol{d}_0\rangle$ von der Wahl des Urbildes $\vec{x}_n$ unabhängig ist, betrachten wir eine zweite Folge $\vec{y}_n$ mit $\vec{\varphi}_n = A\vec{y}_n$. Dann gilt mit $z_n = x_n - y_n$ die Aussage $\vec{o}_n = A\vec{z}_n$. Folglich ergibt sich wegen

$$(N(\vec{\alpha}_n), U) = A^{-1}(\boldsymbol{V}) \qquad \text{und} \qquad \vec{o}_n \in \varrho \boldsymbol{V}$$

für alle positiven Zahlen ϱ die Beziehung

$$\vec{z}_n \in \varrho(N(\vec{\alpha}_n), U) \cap [\Lambda(E)_{\mathfrak{S}(\Delta)}].$$

Also hat man $|\langle\vec{z}_n, \boldsymbol{a}\rangle| \leq \varrho$. Weil ϱ beliebig war, erhalten wir schließlich $\langle\vec{z}_n, \boldsymbol{a}\rangle = 0$ oder $\langle\vec{x}_n, \boldsymbol{a}\rangle = \langle\vec{y}_n, \boldsymbol{a}\rangle$. Die Stetigkeit von $\boldsymbol{d}_0$ folgt aus der Tatsache, daß für $\vec{x}_n \in [\Lambda(E)_{\mathfrak{S}(\Delta)}]$ mit $A\vec{x}_n \in \boldsymbol{V}$ stets $\vec{x}_n \in (N(\vec{\alpha}_n), U)$ und somit auch $|\langle\vec{x}_n, \boldsymbol{a}\rangle| \leq 1$ gilt.

Wenn man $\boldsymbol{d}_0$ zu einer stetigen Linearform $\boldsymbol{d} \in [\Sigma^1(C_{U^0})_{\mathfrak{B}(\Sigma^\infty)}]'$ fortsetzt, ergibt sich aus Satz 4.2 die Darstellung

$$\langle\vec{\varphi}_n, \boldsymbol{d}\rangle = \sum_1^\infty \langle\varphi_n, \mu_n\rangle \qquad \text{mit} \qquad \mu_n \in \Sigma^1(C_{U^0})^*.$$

Folglich existiert nach Satz 4.5 auf U^0 ein positives Radonsches Maß μ mit $|\mu_n| \leq \mu$.

Wir definieren nun durch den Ansatz

$$\langle x, d_n\rangle = \int_{U^0} \langle x, a\rangle \, d\mu_n$$

die stetigen Linearformen $d_n \in E'$, für die

$$|\langle x, d_n\rangle| \leq \int_{U^0} |\langle x, a\rangle| \, d\mu$$

gilt. Demnach ist $D = \{d_n : n = 1, 2, \ldots\}$ eine pränukleare Teilmenge von E'. Abschließend erhalten wir für $\vec{x}_n \in [\Lambda(E)_{\mathfrak{S}(\Delta)}]$ die Beziehung

$$\langle\vec{x}_n, \boldsymbol{a}\rangle = \langle A\vec{x}_n, \boldsymbol{d}\rangle = \sum_1^\infty \int_{U^0} \alpha_n\langle x_n, a\rangle d\mu_n = \sum_1^\infty \langle x_n, \alpha_n d_n\rangle.$$

Ist andererseits D eine beliebige pränukleare Teilmenge von E', so bestimmen wir eine Nullumgebung U von E und auf U^0 ein positives Radonsches Maß μ mit

$$|\langle x, d\rangle| \leq \int_{U^0} |\langle x, a\rangle| \, d\mu \qquad \text{für} \qquad d \in D \qquad \text{und} \qquad x \in E.$$

Für eine Folge $\vec{a}_n = \overrightarrow{\alpha_n d_n}$ mit $\vec{\alpha}_n \in \Delta$ und $d_n \in D$ gelten dann wegen

$$\sum_1^\infty |\alpha_n\langle x_n, a\rangle| \leq 1 \qquad \text{für} \qquad a \in U^0 \qquad \text{und} \qquad \vec{x}_n \in (N(\vec{\alpha}_n), U)$$

die Ungleichungen

$$\sum_1^i |\langle x_n, a_n\rangle| \le \sum_1^i \int_{U^\circ} |\alpha_n \langle x_n, a\rangle| \, d\mu \le \langle 1, \mu\rangle .$$

Folglich hat man

$$\sum_1^\infty |\langle x_n, a_n\rangle| \le \langle 1, \mu\rangle \qquad \text{für} \qquad \vec{x}_n \in (N(\vec{\alpha}_n), U).$$

Damit ist nachgewiesen, daß die durch den Ansatz

$$\langle \vec{x}_n, \boldsymbol{a}\rangle = \sum_1^\infty \langle x_n, a_n\rangle$$

definierte Linearform $\boldsymbol{a}$ auf $\Lambda(E)_{\mathfrak{S}(\Delta)}$ und somit auch auf dem Unterraum $[\Lambda(E)_{\mathfrak{S}(\Delta)}]$ stetig ist.

4.5. Der topologische Dual von $[\Lambda(E)_{\mathfrak{B}(\Lambda^*)}]$

Ist U eine beliebige Nullumgebung von E, so bezeichnet man mit E'_{U° die Gesamtheit aller Linearformen $a \in E'$, die auf U beschränkt sind. E'_{U° wird durch die Norm

$$p_{U^\circ}(a) = \sup \{ |\langle x, a\rangle| : x \in U\}$$

zu einem Banachraum.

Nach diesen Vorbemerkungen können wir eine wichtige Eigenschaft derjenigen Folgen $\vec{a}_n \in \Lambda(E)^*$ formulieren, die den stetigen Linearformen von $[\Lambda(E)_{\mathfrak{B}(\Lambda^*)}]$ entsprechen.

Satz 4.9. *Ist*

$$\langle \vec{x}_n, \boldsymbol{a}\rangle = \sum_1^\infty \langle x_n, a_n\rangle$$

eine stetige Linearform auf $[\Lambda(E)_{\mathfrak{B}(\Lambda^*)}]$, *so gilt für eine geeignete Nullumgebung U von E die Beziehung* $\overrightarrow{p_{U^\circ}(a_n)} \in \Lambda^*$.

Beweis. Zu $\boldsymbol{a}$ gibt es nach Voraussetzung eine normale und beschränkte Teilmenge B von Λ^* und eine Nullumgebung U von E mit

$$\left|\sum_1^\infty \langle x_n, a_n\rangle\right| \le 1 \qquad \text{für} \qquad \vec{x}_n \in (B, U) \cap [\Lambda(E)_{\mathfrak{B}(\Lambda^*)}].$$

Weil B normal ist, erhält man daraus die schärfere Aussage

$$\sum_1^\infty |\langle x_n, a_n\rangle| \le 1 \qquad \text{für} \qquad \vec{x}_n \in (B, U) \cap [\Lambda(E)_{\mathfrak{B}(\Lambda^*)}].$$

Da sich wie im Beweis von Satz 4.2 die Existenz von positiven Zahlen ϱ_n mit

$$|\langle x, a_n\rangle| \leq \varrho_n \qquad \text{für} \qquad x \in U$$

ergibt, hat man $a_n \in E'_{U^0}$.

Ist $\vec{\xi}_n$ eine beliebige Folge aus Λ, so bestimmen wir eine Folge $\vec{y}_n$ mit

$$p_{U^0}(\xi_n a_n) \leq |\langle y_n, \xi_n a_n\rangle| + \frac{1}{2^n} \qquad \text{und} \qquad y_n \in U$$

sowie eine positive Zahl ϱ mit $\vec{\xi}_n \in \varrho B^0$. Nun ergeben sich für jede natürliche Zahl i die Beziehungen

$$\overrightarrow{\langle \xi_n y_n, a\rangle}(\leq i) \in \varrho B^0 \qquad \text{für} \qquad a \in U^0,$$

und man erhält die Aussagen

$$\overrightarrow{\xi_n y_n}(\leq i) \in \varrho(B, U).$$

Daraus folgen die Ungleichungen

$$\sum_1^i |\langle \xi_n y_n, a_n\rangle| \leq \varrho,$$

aus denen man durch Grenzübergang die Abschätzung

$$\sum_1^\infty |\langle \xi_n y_n, a_n\rangle| \leq \varrho$$

erhält. Folglich hat man

$$\sum_1^\infty p_{U^0}(\xi_n a_n) \leq \sum_1^\infty |\langle y_n, \xi_n a_n\rangle| + 1 \leq \varrho + 1.$$

Da $\vec{\xi}_n$ eine beliebige Folge aus Λ war, ist damit die Beziehung $\overrightarrow{p_{U^0}(a_n)} \in \Lambda^*$ bewiesen.

Durch Umformulierung von Satz 4.9 ergibt sich

Satz 4.10. *Ist*

$$\langle \vec{x}_n, a\rangle = \sum_1^\infty \langle x_n, a_n\rangle$$

eine stetige Linearform auf $[\Lambda(E)_{\mathfrak{B}(\Lambda^*)}]$, *so kann die Folge* $\vec{a}_n$ *in der Form* $\vec{a}_n = \overrightarrow{\alpha_n b_n}$ *mit* $\vec{\alpha}_n \in \Lambda^*$ *und* $b_n \in U^0$ *dargestellt werden. Dabei ist* U *eine geeignete Nullumgebung von* E.

Beweis. Nach Satz 4.9 existiert zu $\vec{a}_n$ eine Nullumgebung U von E mit $\overrightarrow{p_{U^0}(a_n)} \in \Lambda^*$. Deshalb ergeben sich, wenn man

$$\alpha_n = p_{U^0}(a_n) \quad \text{und} \quad b_n = \begin{cases} \dfrac{a_n}{\alpha_n} & \text{für} \quad \alpha_n \neq 0, \\ o & \text{für} \quad \alpha_n = 0 \end{cases}$$

setzt, die Beziehungen

$$\vec{a}_n = \overrightarrow{\alpha_n b_n} \quad \text{und} \quad b_n \in U^0.$$

Ein lokalkonvexer Raum E heißt nach GROTHENDIECK *nuklear*, wenn es zu jeder Nullumgebung U von E eine Nullumgebung V mit $V \subset U$ gibt, so daß sich die identische Abbildung von E'_{U^0} in E'_{V^0} in der Form

$$d = \sum_1^\infty \mu_n \langle d, f_n \rangle a_n \quad \text{für} \quad d \in E'_{U^0}$$

darstellen läßt. Dabei soll $\vec{\mu}_n \in \Sigma^1$ und $a_n \in V^0$ gelten, während die f_n stetigen Linearformen auf dem Banachraum E'_{U^0} sind, deren Norm kleiner als 1 ist. Dann ergibt sich die Ungleichung

$$|\langle x, d \rangle| \leq \sum_1^\infty |\mu_n \langle x, a_n \rangle| \quad \text{für} \quad d \in U^0 \quad \text{und} \quad x \in E.$$

Deshalb hat man

$$|\langle x, d \rangle| \leq \int_{V^0} |\langle x, a \rangle| \, d\mu \quad \text{für} \quad d \in U^0 \quad \text{und} \quad x \in E,$$

wenn das positive Radonsche Maß μ durch den Ansatz

$$\langle \varphi, \mu \rangle = \sum_1^\infty |\mu_n| \, \varphi(a_n) \quad \text{für} \quad \varphi \in C_{V^0}$$

definiert wird.

Damit haben wir bewiesen, daß in einem nuklearen lokalkonvexen Raum E die Polare jeder Nullumgebung eine pränukleare Teilmenge von E' ist.

Nun ergibt sich

Satz 4.11. *Wenn E nuklear ist, kann der topologische Dual von $[\Lambda(E)_{\mathfrak{B}(\Lambda^*)}]$ mit der Gesamtheit aller Folgen $\vec{a}_n$ identifiziert werden, die sich mit $\vec{\alpha}_n \in \Lambda^*$ und $b_n \in U^0$ in der Form $\vec{a}_n = \overrightarrow{\alpha_n b_n}$ darstellen lassen. Dabei durchläuft U alle Nullumgebungen von E.*

Beweis. Weil U^0 eine pränukleare Teilmenge von E' ist, folgt aus Satz 4.8, daß die für eine Folge $\vec{a}_n = \overrightarrow{\alpha_n b_n}$ mit $\vec{\alpha}_n \in \Lambda^*$ und $b_n \in U^0$ durch den Ansatz

$$\langle \vec{x}_n, a \rangle = \sum_1^\infty \langle x_n, a_n \rangle$$

definierte Linearform a auf $[\Lambda(E)_{\hat{\mathfrak{S}}(E)}]$ und somit erst recht auf $[\Lambda(E)_{\mathfrak{B}(\Lambda^*)}]$ stetig ist.

Umgekehrt ergibt sich aus Satz 4.10, daß jede Folge $\vec{a}_n \in \Lambda(E)^*$, die einer stetigen Linearform entspricht, in der angegebenen Form dargestellt werden kann.

Da $E_{\mathfrak{S}(E')}$ stets nuklear ist, gilt insbesondere auch

Satz 4.12. *Wenn auf E die $\mathfrak{S}(E')$-Topologie verwendet wird, kann der topologische Dual von $[\Lambda(E)_{\mathfrak{B}(\Lambda^*)}]$ mit der Gesamtheit aller Folgen $\vec{a}_n$ identifiziert werden, die sich mit $\vec{\alpha}_n \in \Lambda^*$ und $s_n \in S$ in der Form $\vec{a}_n = \overrightarrow{\alpha_n s_n}$ darstellen lassen. Dabei durchläuft S alle endlichdimensionalen und beschränkten Teilmengen von E.*

Abschließend bemerken wir, daß der soeben formulierte Satz auch unmittelbar aus Satz 4.7 abgeleitet werden kann, weil U^0 für jede $\mathfrak{S}(E')$-Nullumgebung U von E eine endlichdimensionale und beschränkte Teilmenge von E' ist.

4.6. Der topologische Dual von $[\Lambda(E)_{\mathfrak{M}}]$

Während wir bisher die topologisch dualen Räume von $[\Lambda(E)_{\mathfrak{M}}]$ nur für die speziellen topologisierenden Systeme $\mathfrak{S}(\Lambda)$, $\hat{\mathfrak{S}}(\Lambda)$ und $\mathfrak{B}(\Lambda^*)$ bestimmt haben, soll in diesem Abschnitt eine für beliebige topologisierende Systeme gültige Darstellung von $[\Lambda(E)_{\mathfrak{M}}]'$ angegeben werden. Die dabei verwendeten Methoden sind jedoch wesentlich komplizierter.

Ist M eine beliebige Menge aus $\mathfrak{M}$, so bezeichnen wir ihre absolutkonvexe und $\mathfrak{M}^*$-abgeschlossene Hülle mit $K(M)$. Weil $[\Lambda^*_{\mathfrak{M}^*}]$ vollständig ist, muß $K(M)$ eine $\mathfrak{M}^*$-kompakte Teilmenge von $[\Lambda^*_{\mathfrak{M}^*}]$ sein.[1]) Setzt man $W(M) = M^0 \cap [\Lambda_{\mathfrak{M}}]$ so gilt $K(M) = W(M)^0$.[2])

Da U^0 für jede Nullumgebung U von E eine $\mathfrak{S}(E)$-kompakte Teilmenge von E' ist, erhalten wir als topologisches Produkt von U^0 und $K(M)$ den kompakten Hausdorffraum $U^0 \times K(M)$. Wir betrachten nun den Banachraum $C_{U^0 \times K(M)}$ und bezeichnen die abgeschlossene Einheitskugel mit $\mathbf{V}$. Dann ergibt sich der folgende

Hilfssatz. *Durch den Ansatz*

$$T(\vec{x}_n) = \sum_1^\infty \alpha_n \langle x_n, a \rangle$$

wird eine lineare Abbildung T von $[\Lambda(E)_{\mathfrak{M}}]$ in $C_{U^0 \times K(M)}$ definiert. Dabei gilt die Beziehung $T^{-1}(\mathbf{V}) \subset (M, U) \cap [\Lambda(E)_{\mathfrak{M}}]$.

Beweis. Ist $\vec{x}_n$ eine beliebige Folge aus $[\Lambda(E)_{\mathfrak{M}}] = [\Lambda(E)_{\mathfrak{M}^{**}}]$, so gibt es wegen $K(M) \in \mathfrak{M}^{**}$ zu jeder positiven Zahl ϱ eine natürliche Zahl i mit

$$\sum_{i+1}^\infty |\alpha_n \langle x_n, a \rangle| \leq \varrho \qquad \text{für} \qquad \vec{\alpha}_n \in K(M) \qquad \text{und} \qquad a \in U^0.$$

---

[1]) Vgl. etwa [20], S. 244.

[2]) Da durch alle Folgen aus $W(M)^0$ stetige Linearformen auf $[\Lambda_{\mathfrak{M}}]$ erzeugt werden, hat man $W(M)^0 \subset [\Lambda^*_{\mathfrak{M}^*}]$. Deshalb ergibt sich die Beziehung $K(M) = W(M)^0$ aus dem Bipolarensatz.

Setzt man

$$\Phi(\vec{\alpha}_n, a) = \sum_1^\infty \alpha_n \langle x_n, a\rangle \qquad \text{und} \qquad \Phi_k(\vec{\alpha}_n, a) = \sum_1^k \alpha_n \langle x_n, a\rangle,$$

so ergibt sich die Ungleichung

$$|\Phi(\vec{\alpha}_n, a) - \Phi_k(\vec{\alpha}_n, a)| \leq \varrho \qquad \text{für} \qquad \vec{\alpha}_n \in K(M),\ a \in U^0 \qquad \text{und} \qquad k \geq i.$$

Damit ist bewiesen, daß die stetigen Funktionen Φ_k auf $U^0 \times K(M)$ gleichmäßig gegen Φ konvergieren. Folglich gehört Φ zu $C_{U^0 \times K(M)}$.

Da für $\vec{x}_n \in [\Lambda(E)_{\mathfrak{M}}]$ mit $T\vec{x}_n \in V$ die Ungleichung

$$\left|\sum_1^\infty \alpha_n \langle x_n, a\rangle\right| \leq 1 \qquad \text{für} \qquad \vec{\alpha}_n \in K(M) \qquad \text{und} \qquad a \in U^0$$

besteht, hat man

$$\overrightarrow{\langle x_n, a\rangle} \in M^0 \quad \text{für} \quad a \in U^0 \quad \text{oder} \quad \vec{x}_n \in (M, U).$$

Demnach gilt

$$T^{-1}(V) \subset (M, U) \cap [\Lambda(E)_{\mathfrak{M}}].$$

Nun formulieren wir den fundamentalen

Satz 4.13. *Der topologische Dual von $[\Lambda(E)_{\mathfrak{M}}]'$ kann mit der Gesamtheit aller Folgen $\vec{a}_n$ identifiziert werden, die sich in der Form*

$$\vec{a}_n = \int_{U^0} a\, \vec{\alpha}_n(a)\, d\mu \qquad (\triangle)$$

darstellen lassen. Dabei ist U eine Nullumgebung von E und μ ein positives Radonsches Maß auf U^0. Außerdem soll $\vec{\alpha}_n$ eine Folge von μ-meßbaren komplexen Funktionen sein, zu denen es eine Menge $M \in \mathfrak{M}$ gibt, so daß μ-fast überall auf U^0 die Beziehung $\vec{\alpha}_n(a) \in K(M)$ gilt.

Beweis. Die Beziehung $(\triangle)$ ist eine formale Schreibweise für den Sachverhalt, daß die Linearformen a_n für $n = 1, 2, \ldots$ und alle $x \in E$ durch den Ansatz

$$\langle x, a_n\rangle = \int_{U^0} \langle x, a\rangle\, \alpha_n(a)\, d\mu$$

definiert sein sollen. Da es zu M positive Zahlen ϱ_n mit

$$|\alpha_n| \leq \varrho_n \qquad \text{für} \qquad \vec{\alpha}_n \in K(M)$$

gibt, bestehen die Ungleichungen

$$|\langle x, a_n\rangle| \leq \varrho_n \langle 1, \mu\rangle \qquad \text{für} \qquad x \in U.$$

Damit ist nachgewiesen, daß die Linearformen a_n stetig sind und sogar zu E'_{U^0} gehören.

Nun sei $\vec{x}_n$ eine beliebige Folge aus $(M, U) \cap [\Lambda(E)_{\mathfrak{M}}]$. Dann gilt für alle $a \in U^0$ die Aussage $\overrightarrow{\langle x_n, a\rangle} \in W(M)$. Da es in U^0 nach Voraussetzung eine μ-Nullmenge L mit

$$\vec{\alpha}_n(a) \in K(M) \qquad \text{für} \qquad a \in U^0 \setminus L$$

gibt, besteht μ-fast überall auf U^0 die Ungleichung

$$\left|\sum_1^\infty \langle x_n, a\rangle\, \alpha_n(a)\right| \leq 1.$$

Deshalb ergibt sich aus der Abschätzung[1])

$$\left|\sum_1^\infty \langle x_n, a_n\rangle\right| \leq \int_{U^0} \left|\sum_1^\infty \langle x_n, a\rangle\, \alpha_n(a)\right| d\mu$$

die Beziehung

$$\left|\sum_1^\infty \langle x_n, a_n\rangle\right| \leq \langle 1, \mu\rangle \qquad \text{für} \qquad x_n \in (M, U) \cap [\Lambda(E)_{\mathfrak{M}}].$$

Damit ist die Stetigkeit der durch den Ansatz

$$\langle \vec{x}_n, \boldsymbol{a}\rangle = \sum_1^\infty \langle x_n, a_n\rangle$$

auf $[\Lambda(E)_{\mathfrak{M}}]$ definierten Linearform $\boldsymbol{a}$ bewiesen.

Wir betrachten nun eine beliebige stetige Linearform $\boldsymbol{a} \in [\Lambda(E)_{\mathfrak{M}}]'$ und bestimmen eine Menge $M \in \mathfrak{M}$ und eine Nullumgebung U von E mit

$$|\langle \vec{x}_n, \boldsymbol{a}\rangle| \leq 1 \qquad \text{für} \qquad \vec{x}_n \in (M, U) \cap [\Lambda(E)_{\mathfrak{M}}].$$

Dann wird durch den Ansatz

$$\langle \Phi, A_0\rangle = \langle \vec{x}_n, \boldsymbol{a}\rangle \quad \text{mit} \quad \Phi(\vec{\alpha}_n, a) = \sum_1^\infty \alpha_n \langle x_n, a\rangle \quad \text{für} \quad \vec{x}_n \in [\Lambda(E)_{\mathfrak{M}}]$$

---

[1]) Weil es zu $\vec{x}_n$ eine positive Zahl ϱ mit

$$\sum_1^\infty |\alpha_n \langle x_n, a\rangle| \leq \varrho \quad \text{für} \quad \vec{\alpha}_n \in K(M) \text{ und } a \in U^0$$

gibt, besteht nach dem Satz von Lebesgue die Beziehung

$$\sum_1^\infty \int \langle x_n, a\rangle\, \alpha_n(a)\, d\mu = \int \sum_1^\infty \langle x_n, a\rangle\, \alpha_n(a)\, d\mu.$$

auf dem linearen Unterraum $T[\Lambda(E)_{\mathfrak{M}}]$ von $C_{U^0 \times K(M)}$ eine stetige Linearform A_0 definiert.[1]) Da sich A_0 auf den ganzen Raum $C_{U^0 \times K(M)}$ stetig fortsetzen läßt, existiert auf $U^0 \times K(M)$ ein Radonsches Maß A mit

$$\langle \Phi, A \rangle = \langle \vec{x}_n, a \rangle \qquad \text{für} \qquad \Phi(\vec{\alpha}_n, a) = \sum_1^\infty \alpha_n \langle x_n, a \rangle .$$

Deshalb ergibt sich für die Folge $\vec{a}_n \in \Lambda(E)^*$ mit

$$\langle \vec{x}_n, a \rangle = \sum_1^\infty \langle x_n, a_n \rangle \qquad \text{und} \qquad \langle x, a_l \rangle = \langle \vec{\varepsilon}_n(l) x, a \rangle$$

die Darstellung

$$\langle x, a_l \rangle = \langle \boldsymbol{x} \alpha_l, A \rangle \qquad \text{mit} \qquad \boldsymbol{x}(a) = \langle x, a \rangle \qquad \text{für} \qquad x \in E .$$

Indem wir die stetigen Funktionen $\varphi \in C_{U^0}$ als stetige Funktionen auf $U^0 \times K(M)$ interpretieren, definieren wir durch den Ansatz

$$\langle \varphi, \mu \rangle = \langle \varphi, |A| \rangle \qquad \text{für} \qquad \varphi \in C_{U^0}$$

auf U^0 das positive Radonsche Maß μ. Außerdem bilden wir die Linearformen A_n mit

$$\langle \varphi, A_n \rangle = \langle \varphi \alpha_n, A \rangle \qquad \text{für} \qquad \varphi \in C_{U^0}.$$ [2])

Da es positive Zahlen ϱ_n mit

$$|\alpha_n| \leq \varrho_n \qquad \text{für} \qquad \vec{\alpha}_n \in K(M)$$

gibt, erhalten wir die Abschätzungen

$$|\langle \varphi, A_n \rangle| \leq \langle |\varphi \alpha_n|, |A| \rangle \leq \varrho_n \langle |\varphi|, \mu \rangle .$$

Folglich lassen sich die Linearformen A_n, die auf dem dichtliegenden Unterraum C_{U^0} von L^1_μ definiert sind, zu stetigen Linearformen auf L^1_μ fortsetzen. Sie besitzen deshalb mit gewissen Funktionen $\alpha_n \in L^\infty_\mu$ die Form

$$\langle \varphi, A_n \rangle = \int_{U^0} \varphi(a)\, \alpha_n(a)\, d\mu .$$

Damit haben wir wegen $\langle x, a_n \rangle = \langle \boldsymbol{x} \alpha_n, A \rangle = \langle \boldsymbol{x}, A_n \rangle$ für die Folge $\vec{a}_n$ die behauptete Darstellung

$$\langle x, a_n \rangle = \int_{U^0} \langle x, a \rangle\, \alpha_n(a)\, d\mu \qquad \text{für} \qquad x \in E$$

gewonnen.

Zum vollständigen Beweis unseres Satzes müssen wir nun noch zeigen, daß es in U^0 eine μ-Nullmenge L mit

$$\vec{\alpha}_n(a) \in K(M) \qquad \text{für} \qquad a \in U^0 \setminus L$$

---

[1]) Die Eindeutigkeit und Stetigkeit von A_0 ergibt sich wie im Beweis von Satz 4.8.

[2]) $\varphi \alpha_n$ wird als stetige Funktion auf $U^0 \times K(M)$ betrachtet.

gibt. Zu diesem Zweck betrachten wir die abzählbare Menge P aller Folgen $\vec{\eta}_n \in \Phi$, die nur komplex-rationale Komponenten haben, und setzen

$$\varrho(\vec{\eta}_n) = \sup\left\{\left|\sum_1^\infty \alpha_n\eta_n\right| : \vec{\alpha}_n \in K(M)\right\}.$$

Da die im folgenden auftretenden Summen endlich sind, besteht für $\vec{\eta}_n \in P$ und $\varphi \in C_{U^0}$ die Identität

$$\begin{aligned}\int_{U^0} \varphi(a) \sum_1^\infty \alpha_n(a)\,\eta_n d\mu &= \sum_1^\infty \int_{U^0} \varphi(a)\,\alpha_n(a)\,\eta_n d\mu \\ &= \sum_1^\infty \langle \varphi\,\eta_n, A_n\rangle \\ &= \sum_1^\infty \langle \varphi\,\alpha_n\,\eta_n, A\rangle \\ &= \left\langle \varphi \sum_1^\infty \alpha_n\,\eta_n, A\right\rangle,\end{aligned}$$

aus der man unmittelbar die Abschätzung

$$\left|\int_{U^0} \varphi(a) \sum_1^\infty \alpha_n(a)\eta_n d\mu\right| \leq \varrho(\vec{\eta}_n)\langle|\varphi|, \mu\rangle$$

erhält. Folglich gibt es zu jeder Folge $\vec{\eta}_n \in P$ eine μ-Nullmenge $L(\vec{\eta}_n)$ mit

$$\left|\sum_1^\infty \alpha_n(a)\eta_n\right| \leq \varrho(\vec{\eta}_n) \qquad \text{für} \qquad a \in U^0\setminus L(\vec{\eta}_n).^{1)}$$

Wenn man jetzt die Vereinigung aller Mengen $L(\vec{\eta}_n)$ mit $\vec{\eta}_n \in P$ bildet, bekommt man eine von $\vec{\eta}_n$ unabhängige μ-Nullmenge L, so daß ebenfalls

$$\left|\sum_1^\infty \alpha_n(a)\,\eta_n\right| \leq \varrho(\vec{\eta}_n) \qquad \text{für} \qquad a \in U^0\setminus L$$

gilt.

Nun ergibt sich die behauptete Aussage

$$\vec{\alpha}_n(a) \in K(M) \qquad \text{für} \qquad a \in U^0\setminus L$$

aus dem folgenden

Hilfssatz. *Wenn für eine Folge $\vec{\beta}_n$ aus $\vec{\eta}_n \in P$ stets $\left|\sum_1^\infty \beta_n\eta_n\right| \leq \varrho(\vec{\eta}_n)$ folgt, so gilt $\vec{\beta}_n \in K(M)$.*

---

[1]) Vgl. [4], Prop. 4 auf S. 211.

Beweis. Wir betrachten eine beliebige Folge $\vec{\xi}_n \in W(M)$ und bestimmen eine positive Zahl ϱ mit

$$\sum_1^\infty |\alpha_n \xi_n| \leq \varrho \qquad \text{für} \qquad \vec{\alpha}_n \in K(M).$$

Wegen $\vec{\xi}_n \in [\Lambda_{\mathfrak{M}}] = [\Lambda_{\mathfrak{M}^{**}}]$ und $K(M) \in \mathfrak{M}^{**}$ gibt es außerdem eine Folge von natürlichen Zahlen i_r mit

$$\sum_{i_r+1}^\infty |\alpha_n \xi_n| \leq \frac{1}{r} \qquad \text{für} \qquad \vec{\alpha}_n \in K(M) \qquad \text{und} \qquad r = 1, 2, \ldots .$$

Wenn wir nun komplex-rationale Zahlen $\eta_n^{[s]}$ mit

$$|\eta_n^{[s]} - \xi_n| \leq \frac{|\xi_n|}{\varrho s}$$

bestimmen, ergeben sich für $\vec{\alpha}_n \in K(M)$ und $j > i \geq i_r$ die Abschätzungen

$$\left|\sum_{i+1}^j \alpha_n \eta_n^{[s]}\right| \leq \sum_{i+1}^\infty |\alpha_n \xi_n| + \sum_1^\infty |\alpha_n(\eta_n^{[s]} - \xi_n)| \leq \frac{1}{r} + \frac{1}{s}$$

und

$$\left|\sum_1^i \alpha_n \eta_n^{[s]}\right| \leq \left|\sum_1^\infty \alpha_n \xi_n\right| + \sum_{i+1}^\infty |\alpha_n \xi_n| + \sum_1^\infty |\alpha_n(\eta_n^{[s]} - \xi_n)| \leq 1 + \frac{1}{r} + \frac{1}{s},$$

aus denen man für $j > i \geq i_r$ mit $\mathfrak{i} = \{n : j \geq n > i\}$ die Beziehungen

$$\varrho(\vec{\eta}_n^{[s]}(\mathfrak{i})) \leq \frac{1}{r} + \frac{1}{s} \quad \text{und} \quad \varrho(\vec{\eta}_n^{[s]}(\leq i)) \leq 1 + \frac{1}{r} + \frac{1}{s}$$

erhält. Nun ergeben sich aus unserer Voraussetzung für die Folge $\vec{\beta}_n$ die Abschätzungen

$$\left|\sum_{i+1}^j \beta_n \eta_n^{[s]}\right| \leq \frac{1}{r} + \frac{1}{s} \quad \text{und} \quad \left|\sum_1^i \beta_n \eta_n^{[s]}\right| \leq 1 + \frac{1}{r} + \frac{1}{s}.$$

Läßt man jetzt s gegen Unendlich gehen, so gilt

$$\left|\sum_{i+1}^j \beta_n \xi_n\right| \leq \frac{1}{r} \qquad \text{für} \qquad j > i \geq i_r \tag{1}$$

und

$$\left|\sum_1^i \beta_n \xi_n\right| \leq 1 + \frac{1}{r} \qquad \text{für} \qquad i \geq i_r. \tag{2}$$

Nun folgt aus (1), daß die Reihe $\sum_1^\infty \beta_n \xi_n$ konvergent ist. Somit gilt wegen (2) die Ungleichung

$$\left|\sum_1^\infty \beta_n \xi_n\right| \leq 1.$$

Da $\vec{\xi}_n$ eine beliebige Folge aus der absorbierenden Teilmenge $W(M)$ von $[\Lambda_{\mathfrak{M}}]$ war, ist damit die Beziehung

$$\vec{\beta}_n \in W(M)^0 = K(M)$$

bewiesen.

4.7. Der topologische Dual von $[\Sigma^\infty(E)_{\mathfrak{M}}]$

In diesem Abschnitt bestimmen wir für verschiedene $\mathfrak{M}$-Topologien den topologischen Dual von $[\Sigma^\infty(E)_{\mathfrak{M}}]$. Dabei erhalten wir in einigen Fällen genauere Ergebnisse als bei der Untersuchung von $[\Lambda(E)_{\mathfrak{M}}]$.

Als erstes betrachten wir den verallgemeinerten dualen Folgenraum $\Sigma^\infty(E)^*$. Es gilt

Satz 4.14. *$\Sigma^\infty(E)^*$ besteht aus allen Folgen $\vec{a}_n$ mit $a_n \in E'$, für die mit jeder beschränkten Teilmenge B von E die Ungleichung*

$$\sum_1^\infty p_B(a_n) < +\infty$$

gilt.

Beweis. Da nach Satz 4.1 für jede Folge $\vec{a}_n \in \Sigma^\infty(E)^*$ und alle beschränkten Teilmengen B von E die Ungleichung $\sum_1^\infty p_B(a_n) < +\infty$ besteht, brauchen wir nur noch zu zeigen, daß umgekehrt jede Folge $\vec{a}_n$ mit der angegebenen Eigenschaft zu $\Sigma^\infty(E)^*$ gehört. Da aber jede Folge $\vec{x}_n \in \Sigma^\infty(E)$ in einer beschränkten Teilmenge B von E enthalten ist, gilt tatsächlich

$$\sum_1^\infty |\langle x_n, a_n\rangle| \leq \sum_1^\infty p_B(a_n) < +\infty.$$

Wir betrachten nun das normale topologisierende System $\mathfrak{A}$ von Σ^∞, das aus allen beschränkten Teilmengen A von Σ^1 besteht, zu denen es eine positive Nullfolge $\vec{\varrho}_n$ gibt, so daß

$$\sum_1^\infty \varrho_n^{-1} |\mu_n| \leq 1 \qquad \text{für} \quad \vec{\mu}_n \in A$$

gilt.

Nach diesen Vorbemerkungen zeigen wir, daß zu allen topologisierenden Systemen $\mathfrak{M}$ mit $\mathfrak{A} \subset \mathfrak{M} \subset \mathfrak{B}(\Sigma^1)$ der gleiche topologisch duale Raum $[\Sigma^\infty(E)_{\mathfrak{M}}]'$ gehört. Das gilt insbesondere für das topologisierende System $\mathfrak{C}(\Sigma^1) = \mathfrak{K}(\Sigma^1)$.

Satz 4.15. *Für jedes topologisierende System $\mathfrak{M}$ von Σ^∞ mit $\mathfrak{A} \subset \mathfrak{M} \subset \mathfrak{B}(\Sigma^1)$ kann der topologische Dual von $[\Sigma^\infty(E)_\mathfrak{M}]$ mit der Gesamtheit aller Folgen $\vec{a}_n$ identifiziert werden, die sich mit $\vec{\mu}_n \in \Sigma^1$ und $b_n \in U^0$ in der Form $\vec{a}_n = \overrightarrow{\mu_n b_n}$ darstellen lassen. Dabei durchläuft U alle Nullumgebungen von E.*

Beweis. Da nach Satz 4.2 und Satz 4.10 jede stetige Linearform $\boldsymbol{a} \in [\Sigma^\infty(E)_\mathfrak{M}]' \subset [\Sigma^\infty(E)_{\mathfrak{B}(\Sigma^1)}]'$ in der Form

$$\langle \vec{x}_n, \boldsymbol{a} \rangle = \sum_1^\infty \langle x_n, a_n \rangle \quad \text{mit} \quad \vec{a}_n = \overrightarrow{\mu_n b_n}, \ \vec{\mu}_n \in \Sigma^1 \quad \text{und} \quad b_n \in U^0$$

dargestellt werden kann, brauchen wir nur noch zu zeigen, daß auch umgekehrt durch diesen Ansatz eine $\mathfrak{M}$-stetige Linearform auf $\Sigma^\infty(E)$ definiert wird. Zu diesem Zweck bestimmen wir eine positive Nullfolge $\vec{\varrho}_n$ und eine Folge $\vec{\nu}_n \in \Sigma^1$ mit $\vec{\mu}_n = \overrightarrow{\varrho_n \nu_n}$.[1]) Setzt man

$$A = \left\{ \vec{\xi}_n : \sum_1^\infty \varrho_n^{-1} \, |\xi_n| \leq 1 \right\},$$

so gehört A zu $\mathfrak{A}$ und somit auch zu $\mathfrak{M}$. Außerdem gilt $\varrho_l \vec{e}_n(l) \in A$. Demnach hat man

$$|\varrho_l \langle x_l, a \rangle| \leq 1 \quad \text{für} \quad \vec{x}_l \in (A, U) \quad \text{und} \quad a \in U^0.$$

Wegen $b_l \in U^0$ ergibt sich schließlich

$$|\langle \vec{x}_l, \boldsymbol{a} \rangle| \leq \sum_1^\infty |\langle x_l, \varrho_l \nu_l b_l \rangle| \leq \sum_1^\infty |\nu_l| \quad \text{für} \quad \vec{x}_l \in (A, U).$$

Damit ist die behauptete $\mathfrak{M}$-Stetigkeit der Linearform $\boldsymbol{a}$ bewiesen.

Die beiden folgenden Sätze sind Spezialfälle von Satz 4.8 bzw. Satz 4.7.

Satz 4.16. *Der topologische Dual von $[\Sigma^\infty(E)_{\hat{\mathfrak{S}}(\Sigma^1)}]$ kann mit der Gesamtheit aller Folgen $\vec{a}_n$ identifiziert werden, die sich mit $\vec{\mu}_n \in \Sigma^1$ und $d_n \in D$ in der Form $\vec{a}_n = \overrightarrow{\mu_n d_n}$ darstellen lassen. Dabei durchläuft D alle pränuklearen Teilmengen von E'.*

Satz 4.17. *Der topologische Dual von $[\Sigma^\infty(E)_{\mathfrak{S}(\Sigma^1)}]$ kann mit der Gesamtheit aller Folgen $\vec{a}_n$ identifiziert werden, die sich mit $\vec{\mu}_n \in \Sigma^1$ und $s_n \in S$ in der Form $\vec{a}_n = \overrightarrow{\mu_n s_n}$ darstellen lassen. Dabei durchläuft S alle endlichdimensionalen und beschränkten Teilmengen von E'.*

Abschließend bemerken wir, daß es lokalkonvexe Räume gibt, so daß die dualen Räume $[\Sigma^\infty(E)_{\mathfrak{S}(\Sigma^1)}]'$, $[\Sigma^\infty(E)_{\hat{\mathfrak{S}}(\Sigma^1)}]'$ $[\Sigma^\infty(E)_{\mathfrak{C}(\Sigma^1)}]' = [\Sigma^\infty(E)_{\mathfrak{B}(\Sigma^1)}]'$ und $\Sigma^\infty(E)^*$ voneinander verschieden sind.

---

[1]) Man beachte die Beziehung $[\Sigma^1] = \Sigma^1$.

SCHLUSSBEMERKUNGEN

Die ersten drei Kapitel der vorliegenden Arbeit bilden den Inhalt meiner an der Humboldt-Universität zu Berlin eingereichten Habilitationsschrift. In das Original wurden jedoch einige methodische Verbesserungen eingearbeitet, die zu einem wesentlich strafferen Aufbau der gesamten Theorie führten.

Im ersten Kapitel konnten zwei Hilfssätze zu dem für die weiteren Untersuchungen fundamentalen Satz 1.6 vereinigt werden. Außerdem zeigte sich, daß nicht wie anfänglich vermutet die Folgenräume $\{\Lambda_{\mathfrak{M}}\}$, sondern vielmehr die neueingeführten normalen Folgenräume $[\Lambda_{\mathfrak{M}}]$ die größere Bedeutung besitzen. Die meisten Sätze wurden deshalb für $[\Lambda_{\mathfrak{M}}]$ anstelle von $\{\Lambda_{\mathfrak{M}}\}$ formuliert. Durch die Verwendung von Satz 1.16 ergab sich ein sehr eleganter Beweis von Satz 1.17. Schließlich wurde eine gemeinsame Behandlung der $\mathfrak{S}_0(\Lambda^*)$- und der $\mathfrak{S}(\Lambda^*)$-Topologie durch die Einführung der $\mathfrak{S}(\Delta)$-Topologien ermöglicht.

Es erwies sich als sehr vorteilhaft, an die Spitze des zweiten Kapitels die Definition von $\Lambda(E)$ zu stellen. Da der eigentliche Ausgangspunkt meiner Untersuchungen die Darstellung der stetigen linearen Abbildungen $X \in \mathbf{L}([\Lambda^*_{\mathfrak{M}^*}], E)$ war, lag der ursprünglichen Fassung der folgende Ansatz zugrunde. Für ein beliebiges quasinormales topologisierendes System $\mathfrak{Q}$ von Λ sollte $\Lambda_{\mathfrak{Q}}(E)$ aus allen Folgen $\vec{x}_n$ mit $x_n \in E$ bestehen, für die X mit $X(\vec{\alpha}_n) = \sum_1^\infty \alpha_n x_n$ zu $\mathbf{L}([\Lambda^*_{\mathfrak{Q}^*}], E)$ gehört. Dabei mußte der lokalkonvexe Raum E von Anfang an als folgenvollständig vorausgesetzt werden. Da für die so definierten verallgemeinerten vollkommenen Folgenräume $\Lambda_{\mathfrak{Q}}(E)$ gezeigt werden konnte, daß sie mit den Räumen $[\Lambda(E)_{\mathfrak{Q}}]$ zusammenfallen, lag es nahe, auf ihre Einführung zu verzichten. Als Äquivalent für die Beziehung $\Lambda_{\mathfrak{Q}}(E) = [\Lambda(E)_{\mathfrak{Q}}]$ ergibt sich dann Satz 2.42, der sogar für beliebige topologisierende Systeme gilt.

Die Abschnitte 1.14, 2.6, 3.4, 3.5 und 3.8 sowie das ganze vierte Kapitel enthalten neuere Ergebnisse, die nicht aus meiner Habilitationsschrift stammen.

Über die Grundlagen der Theorie der verallgemeinerten vollkommenen Folgenräume habe ich im Sommer 1960 auf dem II. Ungarischen Mathematikerkongreß in Budapest und auf der Konferenz für Funktionalanalysis in Warschau vorgetragen.

LITERATURVERZEICHNIS

[1] Bochner, S., and Taylor, A. E., Linear functionals on certain spaces of abstractly-valued functions. Ann. of Math. **39** (1938) 913–944.

[2] Bourbaki, N., Algèbre, Chap. III. Paris 1948.

[3] —, Topologie générale, Chap. I–III. Paris 1951.

[4] —, Intégration, Chap. I–IV. Paris 1952.

[5] —, Espaces vectoriels topologiques, Chap. I–IV. Paris 1953/55.

[6] Cooke, R. G., Infinite matrices and sequence spaces. London 1950.

[7] Day, M. M., Normed linear spaces. Berlin 1958.

[8] Dieudonne, J., Sur les espaces de Köthe. J. d'Analyse Math. **1** (1951) 81–115.

[9] Dunford, N., and Schwartz, J. T., Linear operators I. New York 1958.

[10] Gelfand, I. M., Abstrakte Funktionen und lineare Operatoren. Mat. Sbornik **4** (1938) 235–286.

[11] Grothendieck, A., Produits tensoriels topologiques et espaces nucléaires. Memoirs Amer. Math. Soc. **16** (1955).

[12] —, Sur certains espaces de fonctions holomorphes I, II. J. reine angew. Math. **192** (1953) 35–64, 77–95.

[13] —, Critères de compacité dans les espaces fonctionnels généraux. Amer. J. Math. **74** (1952) 168–186.

[14] Kantorowitsch, L. W., und Wulich, B. S., Sur la représentation des opérations linéaires. Compositio Math. **5** (1938) 119–165.

[15] Knopp, K., Theorie der unendlichen Reihen, 4. Aufl. Berlin/Göttingen/Heidelberg 1947.

[16] Köthe, G., Die Stufenräume, eine einfache Klasse linearer vollkommener Räume. Math. Z. **51** (1948) 317–345.

[17] —, Über zwei Sätze von Banach. Math. Z. **53** (1950) 203–209.

[18] —, Neubegründung der Theorie der vollkommenen Räume. Math. Nachr. **4** (1951) 70–80.

[19] —, Bericht über neuere Entwicklungen in der Theorie der topologischen Vektorräume. Jahresbericht d. DMV **59** (1956) 19–36.

[20] —, Topologische lineare Räume I. Berlin / Göttingen / Heidelberg 1960.

[21] Köthe, G., und Toeplitz, O., Lineare Räume mit unendlich vielen Koordinaten und Ringe unendlicher Matrizen. J. reine angew. Math. **171** (1934) 193–226.

[22] Pełczyński, A., On B-spaces containing subspaces isomorphic to the space c_0, Bull. Acad. Polon. Sci. Cl. III, **5** (1957) 797–798.

[23] Phillips, R. S., On linear transformations. Trans. Amer. Math. Soc. 48 (1940) 516–541.

[24] Pietsch, A., Unbedingte und absolute Summierbarkeit in F-Räumen. Math. Nachr. **23** (1961) 215–222.

[25] Schwartz, L., Espaces de fonctions différentiables à valeurs vectorielles. J. d'Analyse Math. **4** (1954/55) 88–148.

[26] —, Théorie des distributions à valeurs vectorielles I. Ann. Inst. Fourier **7** (1957) 1–141.

SYMBOLVERZEICHNIS

Bei Fragen zur Produktsicherheit wenden Sie sich bitte an:
If you have any questions regarding product safety,
please contact:

Walter de Gruyter GmbH
Genthiner Straße 13
10785 Berlin
productsafety@degruyterbrill.com